古典家具鉴藏全书

《古典家具鉴藏全书》编委会 编写

北京希望电子出版社
Beijing Hope Electronic Press
www.bhp.com.cn

内 容 简 介

本书以独立专题的方式对古典家具的起源和发展、收藏与鉴赏的基础知识、时代特征、鉴赏要点、收藏技巧、保养知识等进行了详细的介绍。本书内容丰富，图片精美，具有较强的科普性、可读性和实用性。全书共分四章：第一章，古典家具的起源和发展；第二章，古典家具的种类；第三章，古典家具的林材识别；第四章，古典家具的各种鉴赏。本书适合古典家具收藏爱好者、各类古典家具研究机构、拍卖业从业人员阅读和收藏，也是各类图书馆的配备首选。

图书在版编目（CIP）数据

古典家具鉴藏全书 /《古典家具鉴藏全书》编委会编写. — 北京 : 北京希望电子出版社, 2023.3

ISBN 978-7-83002-369-0

Ⅰ. ①古… Ⅱ. ①古… Ⅲ. ①家具－鉴赏－中国－古代②家具－收藏－中国－古代 Ⅳ. ①TS666.202 ②G262.5

中国国家版本馆CIP数据核字(2023)第019771号

出版：北京希望电子出版社
地址：北京市海淀区中关村大街22号
　　　中科大厦A座10层
邮编：100190
网址：www.bhp.com.cn
电话：010-82626270
传真：010-62543892
经销：各地新华书店

封面：袁　野
编辑：安　源
校对：全　卫
开本：710mm × 1000mm　1/16
印张：15
字数：259千字
印刷：河北文盛印刷有限公司
版次：2023年3月1版1次印刷

定价：98.00元

目录

第一章

古典家具的起源和发展

第二章

古典家具的种类

第三章

古典家具的木材识别

第四章

古典家具的各种鉴赏

第一章

古典家具的起源和发展

一 古典家具的概述

自人类存世以来，就与家具有着密不可分的关系，要生存就必须有居住的地方，即使是穴居山洞之中，也要有生活器具。原始先民在石器年代已经用石块堆成原始的家具“Π”，这就是后来家具的雏形。大约在神农氏时代，人们为了避湿御寒，用植物枝叶或兽皮当作坐卧之具，这就是最古老的家具——席。席地而坐的生活习俗从此开始，席在相当长的一段时间内，至少在先秦时期仍是重要的坐卧用具，可谓是床榻之始祖。石器时代的家具，从出土的情况看仅有席子。

在商周时期的青铜器中出现了铜俎和铜禁。俎、禁是祭祀用的礼器，俎为切割牲畜时置牲的用具，禁为设置供物的器具。俎、禁是后世家具几、案、桌、椅、箱、柜等的原始雏形。从出土的周代曲几、屏风、衣架，春秋战国时期的漆俎、漆几，河南信阳长台关战国墓出土的彩漆大床、雕花木几、漆箱等，可以知道我国古代家具已有床、几、案、箱、屏风等。这些家具无论修饰、雕刻及彩绘技艺，均已达到了相当高的水平。

△ **青铜俎　春秋**

△ **男墓主与男侍仆图　东汉**

此图描绘墓主人生前宴饮的生活场景。画中墓主高冕宽袍坐于华帐之中，神情矜持。面前桌几之上，摆着盛有不同食物的杯盏碗碟。旁立两位侍从，恭卑而立，一手持羽扇，正为主人扇风纳凉。此图用笔精炼，纵驰有度，大色块的渲染十分到位准确。色彩沉稳，造型生动而自然，将人物的身份、举止、神情都表现得妥贴恰当。

△ 宴饮百戏图　河南新密打虎亭东汉墓

△ 宴乐百戏图　河南新密打虎亭东汉墓

汉代人们在席地而坐的同时，出现了一种曲腿坐榻的习俗。当时的床榻比较低矮，床为卧具，形体较大；榻主要待客而用，相对较小，也有多人合坐的连榻。榻周边多设置屏风，床榻前配有几案，但都很低矮。汉代的食案与后世的托盘高度相差不多，但有矮足，“举案齐眉”中所说案即是这种矮足食案，后来的翘头案在汉代才开始出现。在东汉灵帝时，北方游牧民族的胡床传入中原。胡床即后世的马扎，这是一种高足坐具，它适应游牧民族的生活特点，可以折叠，易于携带，后来声名显赫的交椅即为胡床演变而来。

魏晋南北时期，由于佛教的影响和各民族文化交流的融合，高型家具逐渐面世，垂足而坐的风俗开始出现。高型坐具除了胡床之外，品种不断增加，相继出现了椅、凳、墩、双人胡床等。高型坐具的出现极大地冲击了中国传统起居的方式，从此以后，传统的席地而坐不再是唯一了。此时的家具装饰图案也一改龙凤为主的动物鬼神纹饰，出现了与佛教有关的莲花纹、飞天等，如敦煌285窟西魏壁画中“山林仙人”的画像，仙人盘坐在一把椅子上，这是中国家具史上最早的椅子形象。这把椅子与以往的坐具有明显的不同，椅子两边有扶手，后有靠背，搭脑出头，与后世的灯挂椅非常相似。壁画上还有一件带脚踏的扶手椅，这把扶手椅较高，其座部和扶手的高度与后世的椅具没有多少差别。椅上的仙人完全垂足而坐，显示了此时期相似于现代的坐具已具雏型。

△ 嫁娶图之乐舞　盛唐　敦煌莫高窟第445窟

△ **观无量寿经变之舞乐图　榆林窟第25窟南壁中央**

唐代是从席地而坐向垂足而坐逐渐转变过渡的时期，期间高型与矮型家具都共同存在。

大唐盛世，经济繁荣昌盛，文化丰富多彩。由于建筑业的兴旺发达，歌舞升平的生活环境需要宽敞的室内其础，这为家具发展提供了极大的想象空间。唐代家具厚重宽大，气势宏伟，线条丰满柔和，雕饰富丽华贵。髹漆家具上已经使用了螺钿镶嵌技艺，壶门装饰在床榻上也属常见。

五代虽然也是高型与矮型家具共存的时代，但是垂足而坐的风俗已逐渐普及，高型家具已形成完整的组合。从五代画家周文矩所绘的《重屏会棋图》《宫中图》，顾闳中所绘的《韩熙载夜宴图》及王齐翰所绘的《勘书图》中可以看到，当时的家具比例尺度非常符合人们垂足而坐的生活习惯。五代的高型家具形制已经齐备，功能区别也日趋明显。四足之柱状与传统壶门构造的高型家具已逐步确立了自己的地位。五代家具在造型和装饰上与唐代不同，一改大唐家具的厚重圆浑，变为简秀实用，为宋制家具开启了质朴的风气。

△ **梵纲经变中十二愿之一　五代　榆林第32窟**

△ **点茶图　宋**

壁画中，两名男子坐在桌子两侧，右边人物一手端碗，一手拿着一个刷子，这就是史书中记载的宋代“点茶”。

宋至明前期，家具的发展达到了空前的规模与水平。宋代家具确立了以框架结构为基本形式，其家具的种类之齐全、式样之多都是宋代以前无法比拟的。比如宋代产生了抽屉橱、炕桌、琴桌、折叠桌、高几、燕几、交椅等新的样式，极大地丰富了家具的品种和功能。宋代椅凳的样式更是丰富多彩，且造型更为清秀坚挺，比如带托泥的长方凳和四周开光的大圆墩，还有四出头官帽椅、灯挂椅、圈椅、交椅、斜靠背椅等。

宋代家具制作工艺日益精湛，使用了大量素雅的装饰线脚和构件，如牙条、矮老、罗锅枨、霸王枨、托泥下加龟脚、高束腰、马蹄脚、雕花腿等。使家具造型极富变化，其中桌椅腿足的变化尤为显著。它为明代家具的发展打下了坚实的基础。

元代家具基本上沿袭了宋制，变化不是很大。值得一提的是元代的新兴家具抽屉桌，如山西文水北峪口的元代墓壁画中所画的长方形抽屉桌，桌面下有两个抽屉，屉面上有吊环，三弯腿、带托泥，其造型豪放雄壮，是前代所没有的。

明代家具是我国家具发展史中的一座高峰，一直延续至清代早期。这一时期制作的家具被后世誉为“明式家具”。明式家具并不包括明代早期所制的漆木家具，而是指当时以黄花梨、紫檀、鸡翅木、铁力木、乌木、红木等硬木，以及榉木、榆木、楠木、核桃木等白木所制作的高级家具。由于这些材质色泽纹理华美，所以明式家具少有髹漆，仅仅上蜡打磨以突出木质的自然美感。

△ 朝元图之金母　元代　山西芮城永乐宫

△ **墓主夫妇对坐图　元代　山西兴县红峪村元墓**

明代城镇发展迅速，商品经济繁荣，家具的需求急剧增加，且已形成社会时尚。加上海外贸易的发展，郑和七次下西洋，带来了大批优质的木材，如紫檀、黄花梨、鸡翅木等，对明式家具的发展起到了非常重要的作用。

▷ **黄花梨福寿纹扶手椅　明代**

宽75厘米，深53厘米，高109厘米

此椅靠背板、扶手、鹅脖、联帮棍均成曲形。特别是联帮棍上细下粗，成夸张的“S”形，靠背板中间雕四只蝙蝠捧寿字，寓意“福寿”双全，圆腿直足，腿间步步高赶枨，具有明式扶手椅的典型特点。

明代贵族大肆修造私宅和园林，这些豪宅府邸的家具陈设大都为明式家具。由于不少文人都参与设计，所以家具的样式自然也包含了文人崇尚的古朴典雅的心愫。因此，明式家具恬淡宁静、素洁脱俗、内敛简约、蕴含着极强的人文气息和艺术风格，并且制作工艺一丝不苟、精致考究，长期以来一直备受世人仰重。

明朝人在家具的设置上讲究空灵明快，舒展大方，实用为先。明代文震亨所编写的《长物志》对家具设置有着极为精到的论述：“位置之法，繁简不同，寒暑各异，高堂广榭，曲房奥室，各有所宜。”

◁ **黄花梨行军台　明代**

长79厘米，宽44.5厘米，高28.5厘米

行军台是古时用于战争指挥休息的一种台案。此台选用黄花梨制作，包浆温润，纹理清晰优美。面攒框镶板，冰盘沿，束腰，云纹牙板，直腿。腿与面相互独立，易拆卸，携带方便。腿间置有双十字交叉枨，用以增加支撑力及收缩力。

△ **黄花梨雕龙纹大翘头案　明代**

长300厘米，宽58.5厘米，高93.5厘米

案面攒框镶独板，板材硕大，纹理秀美。牙头及牙板上皆以浮雕拐子龙为饰，牙板中部雕饰龙托宝鼎，寓意“问鼎天下”。以夹头榫结构与案腿连接。侧腿当中镶条环板，其双面透雕草叶龙及宝鼎等纹饰，足下带托泥，托泥开壸门亮脚。

△ 黄花梨翘头几　明代

△ 黄花梨翘头几（局部）　明代

清代早期家具制作依然沿袭着明代的一贯做法，并不断改进和提高，且技艺更为精巧，传世的不少明式家具精品大都是这一时期制作的。但到了清雍正乾隆年间，家具制作的风格一改前期挺秀隽永、质朴的书卷气息，变得极为浑厚豪华、气势非凡。主要表现在：用料粗硕宽绰，造型雄伟庄严；装饰上极为繁缛，力求富贵华丽，并大量选用玉石、象牙、珐琅、贝壳等名贵材料，雕嵌镶填，多种工艺并用。这样使家具全身无空白之处，其富丽堂皇达到了空前绝后的境地，世称“乾隆工”。这些家具后世称之为“清式家具”，也称“宫廷家具”，颇多迎合当时皇家和官宦追求虚荣的意趣。

△ 红木长方几　清代

△ **瘿木文具盒　清代**

长29.5厘米，宽16厘米

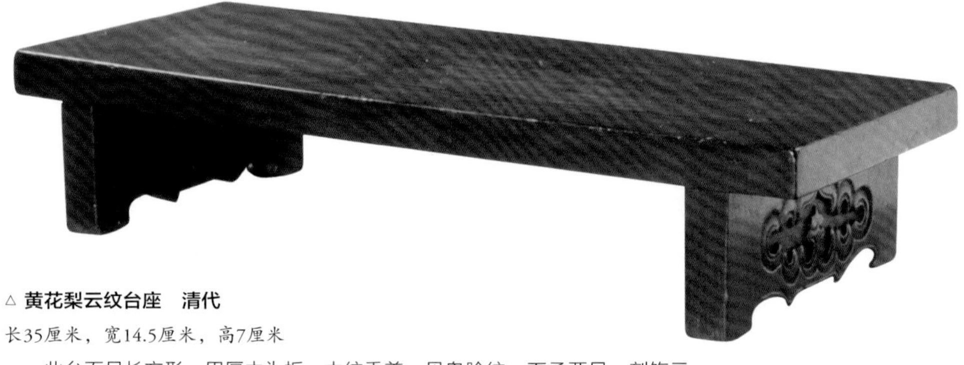

△ **黄花梨云纹台座　清代**

长35厘米，宽14.5厘米，高7厘米

此台面呈长方形，用厚木为板，木纹秀美，见鬼脸纹，下承两足，刻饰云纹，形制端巧，装饰简洁。

△ **紫檀炕几　清代**

长88厘米，宽48厘米，高33厘米

炕几陈设于炕上，用于饮酒或进食，是中国北方必备的家具之一。此炕几为紫檀制成，器形方正规矩，榫卯连接，简洁大方。几面打槽攒框装板心，牙板镂雕拐子龙及“吉庆有余”纹，腿间装挡板，浮雕双蝠捧寿纹，下置罗锅枨，龟形足。

△ **金丝楠六屉柜（一对）　清代**

长50厘米，宽37厘米，高105厘米

此柜的顶面为标准格角攒边打槽平镶面心，方形六屉，两柜组合成对，屉面装白铜圆形面叶及拉环。各屉面及两侧均镶洼膛堆肚面板。方腿直落地面，裹侧沿边起线装饰，下装宽素牙条。

清代晚期社会经济日益衰弱，但家具装饰却过多过滥，尤其是椅具类家具线条粗重笨拙，尺度常违背人体舒适性的功能需求，风格也少有韵味。这种偏重形式、不求实用的做法，终因华而不实使清代家具走向末路。

但是清代的民间家具，尤其是榉木家具并没有受到太多的影响，它们仍遵循以实用为先的准则，大体沿袭着质朴简洁实用的传统风格，有的形制依然与明式家具形同孪生。

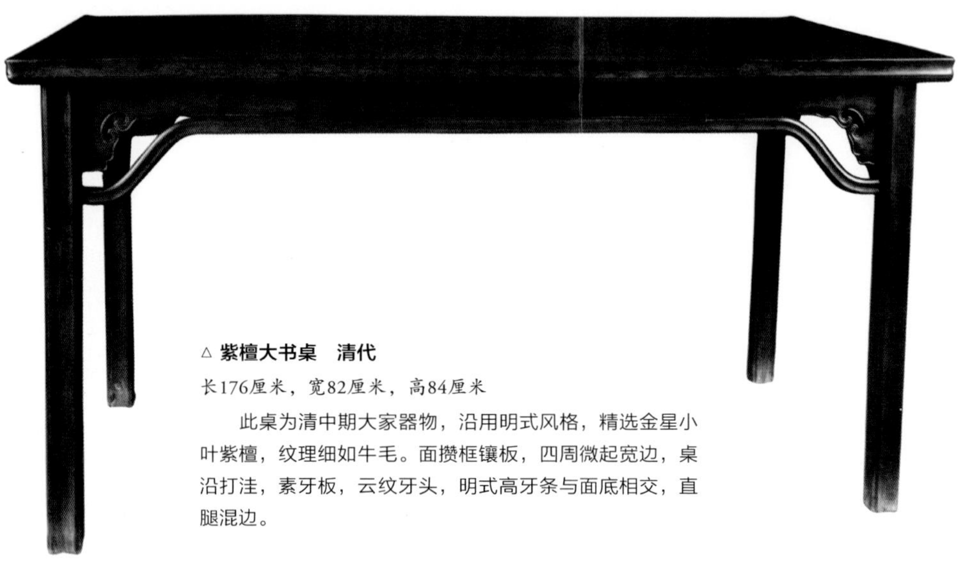

△ **紫檀大书桌　清代**

长176厘米，宽82厘米，高84厘米

此桌为清中期大家器物，沿用明式风格，精选金星小叶紫檀，纹理细如牛毛。面攒框镶板，四周微起宽边，桌沿打洼，素牙板，云纹牙头，明式高牙条与面底相交，直腿混边。

△ **黄花梨翘头案　清早期**

长182.5厘米，宽40厘米，高84.5厘米

此翘头案选用上等海南黄花梨，纹理行云流水。案面独板，两边平装翘头。夹头榫结构，卷云纹牙子，腿间上部条环板雕桃形纹饰，下部挡板浮雕双凤含珠，足下承托泥。其造型紧凑而不拘谨，简洁疏朗，刀法细腻，包浆厚实。

二 古典家具的起源

1 | 家具的起源——席

中国古代的人们最早是“席地而坐”，所以最原始的家具便是坐卧铺垫使用的席。席的产生大约在神农氏时代。考古界发掘出土的最早实物有新石器时代的蒲席、竹席和篾席等，距今已有五千多年。以后，从夏、商、周一直到两汉时期，古人在居室生活中始终没有离开过席，它成了这一时期最主要的家具。

首先古人将“席”与“筵”结合在一起，形成一套“重席”制度。一方面，用它来防潮避寒；另一方面，根据不同的习俗和需要，在日常生活中，以设席的方式来表现各种规制和礼节。故《周礼》有所谓“王子之席五重，诸侯三重，大夫再重”的记载。

那时古人不论是生活起居，还是接待宾客，都在室内布席。出现了“席不正不坐”的情况，于是就有所谓“君赐食，必正席先尝之”等各种各样的规矩和习惯，如在《礼记》中有“席，南向北向，以西为上，东向西向，以南为上”等规定。在古籍中常能看到有关“连席”或“割席”的生动故事。因身份或志趣的不同，坐席也有明显区别。由此可见，中国古代家具从一开始就蕴含着极其丰富而深邃的文化内涵。

当时使用的席和筵有很多种类，从选用材料到编制织造都十分讲究。《周礼·春官》中记载的“莞、藻、次、蒲、熊”，就是运用不同材质分别制成不同花纹和色彩的五个品种，它们都以各自的特色，满足各种不同的要求。《尚书·顾命》里提到的“丰席”和“笋席”均是经过特别选料，精致加工的优质竹席。

总之，“席”这种最古老的家具，不仅是中国古代“席地而坐”的生活用品，而且是古代习俗和礼仪规制的直接体现，是我们民族物质文化的重要组成内容，具有最悠久的历史和传统。

2 | 木制家具的肇始——彩绘木家具

1978-1980年间，中国社会科学院考古研究所山西工作队，在山西省襄汾县陶寺龙山文化墓地中发掘出土了中国迄今最早的木制家具，为中国史前家具展现了光辉灿烂的一页。这些家具中最具代表性的有木几、木案和木俎。木几平面均为圆形，圆周起棱边，下置束腰喇叭状的独足；几面直径多在80厘米以上，通高30厘米左右。木案的形状很像一个长方形的小桌，平面通常为长方形或圆角长方形，在一长边与两短边间构成凹形板足，有的在另一长边中还加置一圆柱形足；案长90～120厘米、宽25～40厘米、高10～18厘米不等。木俎大多为四足，用榫与俎面的榫眼相接，长方形俎面较厚，长50厘米，宽30～40厘米，俎高12～25厘米。

这些木制家具，大多在器身表面施加彩绘，有的单色红彩，有的以红彩为地，再绘彩色花纹。由于埋藏地下四千多年，木胎已完全腐朽，经考古工作者采用科学方法起取出土、复原后，真实地再现了古代早期家具的肇始形态，为研究中国古代史前家具实物填补了空白。

三 古典家具的发展

1 | 先秦家具

（1）商周青铜家具

商周是中国古代青铜器高度发达的时期，古代家具通过青铜器的形式，为我们留下了这一历史阶段中最珍贵的实物资料。被鉴定为殷商器的青铜饕餮蝉纹俎，就是一件较早的青铜家具。该俎造型别致，纹饰精美，具有很高的艺术价值。西周时期的四直足十字俎和商代壶门附铃俎，也都是极其珍贵的青铜家具实物。

1976年，在殷墟王室妇好墓中出土的青铜三联甗座，高44.5厘米，长107厘米，重113千克，六足四角，饰牛头纹，四外壁饰有相互间隔的大涡纹和夔纹。座架面上有三个高出的圈，可同时放置三只甗，故名“三联甗座”。这件甗座不仅是一件不可多得的大型青铜器，更是一件典型的早期青铜家具。这件青铜甗座的出土，进一步展示了商周时期中国古代家具独特的形式和极高的艺术水平。

△ 青铜龙纹禁　西周

△ 青铜三联甗　商代

△ 有足铜禁　春秋

与此类似的是，放置各种酒器的青铜禁，实物有天津历史博物馆收藏的西周初年的青铜夔纹禁和美国纽约大都会艺术博物馆收藏的西周青铜禁，后者当年在陕西省凤翔县出土时，禁面上仍摆放着卣、觚、爵等十三件酒器。这两件青铜禁，都是不可多得的商周青铜家具。据古籍记载，禁可分为无足禁和有足禁，以上两件均是无足禁。1979年，在河南省淅川县楚令尹子庚墓中出土了一件春秋时期的有足铜禁。铜禁长107厘米，宽47厘米，长方体，禁面中心光素无纹，边沿及侧面都饰透雕蟠螭纹，下面有十只圆雕的虎形足，禁身四周铸有向上攀附的十二条蟠龙。卓越的铸造工艺，使青铜家具的造型艺术达到了登峰造极的地步。1971年，在河北省平山县战国中山国王墓中出土的错金银龙凤铜方案，更是一件罕见的古代家具瑰宝。此案设计造型之奇巧，制作技术之高超，装饰工艺之精湛，出土以来，一直受到文物界、工艺美术界的高度重视，被视为古代物质文明的重要象征之一。

人们日常生活需要的家具，总与同时代居室生活中的各类器物保持相应的一致。青铜家具也和其他青铜器一样，不仅是青铜器时代灿烂文化的标志，也代表着中国古代家具的重要历史阶段。每当人们从后世的古典家具中，看到与青铜器物的造型有渊源关系时，就会更加深刻地认识到，一个民族的传统文化在物质文明史上所具有的重要意义和地位。

△ **镶嵌龙凤方案　战国中期**

（2）先秦漆木家具

中国古代家具的发展过程，一直是以漆木家具为主流，从史前的彩绘木家具，到春秋战国时期的漆木家具，反映着中国古代前期家具的主要历程。

先秦时代是中国历史上百家争鸣、文明昌盛的时期，社会的繁荣对物质文化的发展起着巨大的推进作用，加上铁制工具的普遍采用和高度发达的髹漆工艺，为漆木家具的发展提供了优越的条件。特别是在楚国，漆木家具广泛应用，迅速使家具种类增多，质量提高。漆俎在战国楚墓中有时一次出土就多达几十件，说明该品种自商周以来已达到成熟的阶段。1988年6月，湖北省当阳赵巷四号墓出土的一件漆俎，除俎面髹红漆外，其他均以黑漆作地，用红漆描绘十二组二十二只瑞兽和八只珍禽；禽兽在外形轮廓线内采用珠点纹装饰；该俎造型生动别致，画面图象形神兼备；瑞兽似鹿，俎纹取“瑞鹿”为题材，应是楚人崇鹿时尚的体现。《礼记·燕义》还有“俎豆牲体荐羞，皆有等差，所以明贵贱也”的记载，说明这件精美而富有意味的漆绘家具，更是当时社会宴礼待宾、祭祀尊祖、讲究器用的真实反映。

俎在虞氏时称“梡”，夏后氏时称“嶡”，商代称“椇”，周代称“房俎”。河南省信阳一号楚墓出土一件黑漆朱色卷云纹俎，其两端各有三足，足下置横跗，长99厘米，宽47.2厘米，高23厘米，规格比一般的漆俎大得多。这件大型的漆俎，考古界有人认为就是房俎，可能是当时俎的一种新形式，已与漆案渐渐接近。这也许就是俎很快被几、案替代的一个重要原因。

先秦时代的漆禁与商代和西周的青铜禁已经有较大的差异，如信阳出土的漆禁，其禁面浮雕凹下两个方框，框内有两个稍凸出的圆圈圈口。出土时，在禁的附近发现有高足彩绘方盒，其假圈足与此圆圈可以重合。这说明，禁的使用功能不断扩大，造型也出现了新的变化。

无论在实用性还是装饰性上，先秦时期最富有时代性和代表性的家具就是漆案和漆凭几。

根据《考工记·玉人》载：“案十有二寸，枣栗十有二例。”可见春秋战国时，案的品种分门类别，已日趋多样化，并且多与“玉饰”有关，是一种比较新式的贵重家具，因此大多造型新颖，纹饰精美。湖北省随县曾侯乙墓出土的战国漆案和河南省信阳楚墓出土的金银彩绘漆案，皆是这类漆木家具中最优秀的典范。

春秋战国的漆几，有造型较为单纯的“H”形几。这种几仅采用三块木板合成，两侧立板构成几足，中间设平板横置，或榫合，或槽接，既有强烈的形式感，又有良好的功能效果。常见的是几面设在上部，两端装置几足的各种漆几。根据几面的宽、狭，又可分为单足分叉式和立柱横跗式两种类型。立柱横跗式的也有多种不同的形制，在长沙刘城桥一号楚墓出土的漆几，几的两端分立四根柱为几足，承托几面，直柱下插入方形横木中，同时另设两根斜档，从横跗面斜向插入几面腹下，使几足更加牢固，形体更加稳健。这些先秦时期漆凭几的造型和结构，使我们看到先秦漆木家具在不断创新发展中取得的巨大进步。

在春秋战国的漆木家具中还有雕刻、彩绘精美的大木床，工艺构造精巧、合理的框架拼合成的折叠床，双面雕绘、玲珑剔透、五彩斑斓的装饰性座屏，以及各种不同实用功能的彩绘漆木箱等。它们无一不是春秋战国时期漆木家具的优秀实例，是中国席坐时代居室文明的重要标志。

2 汉唐家具

（1）汉代家具

中国古代社会进入汉代以后，出现了一个繁荣昌盛的新局面。尤其在汉武帝时，强大的国力和思想的一统化，迅速加快了战国以来社会民风习俗的大融汇。从此，中国成为一个地大物博、人口众多、以汉民族为主体的多民族国家，汉代的物质文化又发展到了一个更高的水平。

汉代统治阶层居住在“坛宇显敞，高门纳驷”的宅第中，过着歌舞娱乐、百戏宴饮的享受生活，与生活内容相适应的汉代家具也更加讲究起来。汉朝人刘歆在《西京杂记》中就有“武帝为七宝床、杂宝案、侧宝屏风，列宝帐设于桂宫，时人谓之四宝宫”的描绘。

在江苏省邗江县胡场汉墓中发现一幅木版彩画，画幅上部绘有四人，墓主人端坐在一榻之上，衣施金粉，体态高大，其余三人都面向左，呈拱手作揖或跪立状。画幅下部绘一帷幕，其下有一人坐在榻上，前置几案，案上有杯盘，几下放香熏，侍女跪立榻后。伶人彩衣轻飘，一倒立，一反弓，姿态优美生动。成双成对的宾客皆席坐在地，聚精会神地观赏表演。右边是击钟敲磬、吹笙弹瑟的乐队在进行伴奏。像这幅反映墓主人生前欢乐生活的绘画作品，无疑也是汉代现实生活的形象记录，再现了当时居室生活与家具的真实情况。汉代时期，在“席地而坐”的同时，开始形成一种坐榻的新习惯，与“席坐”和“坐榻”相适应的汉代家具，在中国古代家具史上写下了新的篇章。

由商周时期的筐床演变而成的榻，到汉代已是一种日益普及的家具，故“榻”这个名称到汉代才出现。1985年，河南省郸城出土的一件西汉石榻，青色石灰岩质，长87.5厘米，宽72厘米，高19厘米。榻足截面和正面都为矩尺形，榻面抛出腿足，造型新颖，形体简练。在榻面上刻有“汉故博士常山太傅天君坐（榻）”隶书一行，共十二个字。这不仅是一件罕见的西汉坐榻实物，而且更是迄今所见最早的一个“榻”字。汉榻一般较小，有仅容一人使用、实用而方便的独榻。简单的小榻还称“枰”。根据使用要求和场合的不同，东汉以后，更多的是供两人对坐的合榻，还有三人、五人合坐的连榻。从大量的汉代画像中可以看出，这些大型的汉榻不会小于卧床。

席坐文化时期，居室内常常采用帷幕、帷帐来抵御风寒。到了汉代，随着床榻的广泛运用，这一功能逐渐地被各种形式的屏风所替代。屏风既能做到布置灵活，设施方便，又能改变室内装饰的效果，美化环境。因此，汉代的屏风成了汉代家具中最有特色的品种。统治者都竭力追求屏风的豪华，如《太平广记·奢侈》中记载，西汉成帝时，皇后赵飞燕挥霍无度，所用之物极其铺张。有一次，她从臣下处得贡品三十五种，其中就有价值连城的“云母屏风”“琉璃屏风”等。这些讲究材质和工艺的高级屏风，已经成为当时一种珍贵的艺术品，在《盐铁论》中就有所谓的“一屏风就万人之功”的描述。汉代屏风最早实物有长沙马王堆出土的彩绘木屏，该屏风长72厘米，宽58厘米，屏风正面为黑漆地，红、绿、灰三色油彩绘云纹和龙纹，边缘用朱色绘菱形图案。背面红漆地，以浅绿色油彩在中心部位绘一谷纹璧，周围绘几何方连纹，边缘黑漆地，朱色绘菱形图案。此屏风属于座屏式，虽是一件殉葬品，但真实地展现了西汉初期屏风的基本风貌。

汉代屏风多设在床榻的周围或附近，也有置于床榻之上的。形式除座屏以外，更多的是折叠屏风，有两扇、三扇或四扇折的，金属连接件十分精致。各种屏风与后世的式样并无多大差异。可以说，在中国古代家具史上，屏风是流传最久远，最富有民族传统特色的品种之一。

与汉榻配置密切的家具，除屏风以外还有几和案。汉几常放置于榻上或榻前，以曲栅式的漆几最普遍。各种凭几大多制作精良，富有线条感。《释名·释床帐》云：“几，庋也，所以庋物也。”“庋”即“藏”，可见汉几的功能不断扩大，有时还可以用它来放置东西，犹如案一样摆放酒食等，甚至供人垂足而坐。另外，在朝鲜古乐浪和河北满城一号西汉墓中出土的漆凭几，几足可作折叠，可高可低，根据需要可加以调节，其设计之巧妙，构造之科学，对中国古代家具的发展有着特殊的意义。

汉代家具中常见的案，在规格、形制和装饰方法上都出现了很大的变化。除漆案以外，还有陶制和铜制的，品种有食案、书案、奏案等，从各方面满足了社会的需要。至于汉代是否有桌，至今在认识上仍存在着分歧，但从一些画像砖和壁画中，已经看到了功能和形式都近似桌的家具。

综上所述，居室生活处在“席坐”向“坐榻”过渡时期的汉代，家具的品类和形式不断增多，功能也更加得到改善和提高。这一时期的家具，虽然依旧形体低矮，结构简单，部件构造也较单一，在整体上仍保持着古代前期家具的主要风格和特点，但是家具立面的形式变化比较丰富，榫卯制造渐趋合理。这些，都为增进家具形体的高度奠定了良好的基础。

汉代家具在继承先秦漆饰传统的同时，彩绘和铜饰工艺等手法也日新月异，家具色彩富丽，花纹图案富有流动感，气势恢宏。这些装饰，使得汉代家具的时

△《列女图》中的家具陈设　顾恺之　东晋

此图又名“列女仁智图”。内容为汉代刘向编写的《列女传》里面的人物故事。据宋人题跋原有15段，至南宋已不全，现存10段，共28人。每段都有人名和颂辞。构图及人物形态都比较古朴。此图铁线描的线条不但刚健有力，与《女史箴图》《洛神赋图》中秀丽流畅的游丝描有别；而且特别强调晕染，表现出一定的立体感，女子眉毛多染朱色。此卷无款，原作久已散佚，今天所见的是忠实原作最佳的宋人摹本，难能可贵。与《洛神赋图》比较，此卷更显顾氏风范。

代精神格外鲜明强烈。

（2）魏晋南北朝家具

魏晋南北朝时期，长期的社会动乱和国家的四分五裂，导致了中国古代社会体制的改革和变化。首先，汉族的传统文明与外来异族文明，在相互交流中得到进一步的融汇和升华，产生了一次新的突破。同时，思想领域内儒、道、佛的互相影响和吸收，出现了许多新的文化基因。再加上新兴士族阶层在各个方面所起的催化作用，使传统意识中的跽坐礼节观念很快被淡化，社会的生活方式和民风习俗得到了自由发展的契机。中国古代社会进入了一个比较开放的历史阶段。

这时，人们生活必需的家具，既有继承传统的品种和式样，又有来自天竺佛国的形式，还有西域胡人传入的家具，从而使魏晋南北朝时期的家具形成了一种多元的局面。

在敦煌石窟285窟西魏时期的壁画中，有一幅山林仙人的画像。仙人身披袈裟，神情怡然安详，姿态端正地盘坐在一把两旁有扶手、后有靠背的椅子上。这是中国古代家具史上迄今最早椅子的形象资料。它与秦汉时期的坐具有明显不同，腿后上部设有搭脑，扶手的构造与后世椅子极其相像。除此之外，新颖的坐具有四足方凳、箱体形的凳子、细腰形圆凳和坐墩等。自受汉灵帝“好胡服、胡帐、胡床……京都贵戚皆竞为之”的影响，胡床、绳床等家具也广为流行。以上这些家具，都是前所未有的新品种和新形式。

依据魏晋南北朝出现椅子和胡床的现象，我们看到中国古代家具在吸收外来营养中，得到了一次新的发展和提高。此后，中国家具形成许多新的面貌。在世界坐具发展史上，中国古代的凳子、椅子比埃及和希腊等国家晚了二十多年，

△ **彩绘人物故事图漆屏风　北魏**

中国古代坐具的发展无疑受到外来的影响，但任何民族历史的发展，主要取决于民族自身的内部因素。从先秦到两汉，随着居室生活的演进，中国古代的家具不断地选择自己需要的形式。例如最具传统特色的屏风与坐榻，到了魏晋南北朝期间，其坐身上部的围屏已完全失去了秦汉时屏风与榻组合作用的意义，虽然坐身仍然形体低矮，但围屏高度的比例已显著下降。这种仍称为“围榻”的坐具，与后世一些椅子的形式有着异曲同工之妙。这一传统古典式的坐具，在中国古代家具史上起着承前启后的作用。

至于胡床之类的家具，在中国古代家具史中，它始终只是保持着一种外来的式样，作为我们民族居室生活中的一种补充和点缀，它的出现并没有改变中国古代家具的悠久传统。中国古代的坐具，仍是一如既往的在适应本民族生活环境中不断推陈出新，从形体到结构建立起一个完整独特的体系。

在魏晋南北朝时期，家具制造在用材上日趋多样化，除漆木家具以外，竹制家具和藤编家具等也给人们带来了新的审美情趣。总之，在这个文化交融的历史时期，民族的物质文化也日新月异，中国古代家具在继承传统和吸收外来营养的过程中，又展现出了新的风采，实现了新的历史价值。

△ **《列女古贤图》中的家具**

漆屏风画始于周代，兴盛于汉、魏、六朝，是封建上层社会享用的奢侈品。出土于山西省大同市北魏司马金龙墓的屏风画共五块，内容主要是表现帝王、将相、列女、孝子，以及高人逸士的故事。这幅画中的人物造型具有“秀骨清像”的特征，技法上采用色彩渲染及铁线描手法，富有节奏感及形体质感。此为我国首次发现，填补了北魏前期北朝绘画的空白，具有十分重要的价值。

△《六尊者像》中的家具陈设　卢楞伽　唐代

《六尊者像》共六开（此处所选为其中的一开），应是卢氏《十八罗汉图》的留世部分。描绘的六位尊者分别是：拔纳拔西尊者、嘎纳嘎哈拔喇镊襟尊者、租查巴纳塔嘎尊者、锅巴嘎尊者和俗称降龙、伏虎罗汉的嘎沙雅巴尊者、纳纳答密答喇尊者，均列位于十八罗汉之中。作者采用游丝描勾画人物，具有较鲜明的特色，线描流畅，具有较强的力度与柔韧性，动感较强烈，设色浓艳，艺术水平较高。人物气势恢宏、超尘脱俗，显示出早期佛教人物威严尊贵而又带有世俗化的特点。《六尊者像》的创作技法比较古老，人物形象塑造略带夸张，在表现人物“神”的方面尚不尽完美，这一切都显示了道释人物画自唐、五代至宋发展的水平。

（3）隋唐家具

隋朝前后三十七年，是一个十分短暂的时代，家具大多沿袭前代的形式。1976年2月，山东省嘉祥县英山脚下发现一座隋开皇四年（584）的壁画墓，在墓室北壁绘有一幅《徐侍郎夫妇宴享行乐图》。图中设山水屏风的漆木榻上，有足为直栅形的几案，以及供女主人身后背靠的腰鼓形隐囊等，与南北朝的家具一脉相承。

繁荣强盛的唐代，是中国封建社会又一次高度发展的时期。在手工业极其发达和社会文化高涨的大氛围中，时代精神蒸蒸日上，诗、文、书、画、乐、舞等，都进入了空前发展的黄金时代。充满着琴棋书画、歌舞升平的文化生活环境，也赋予了唐代家具丰富的内涵。家具除了随着垂足而坐的生活方式开始出现各种椅子和高桌以外，在装饰工艺上兴起了追求高贵和华丽的风气。

具有时代特征的唐代月牙凳和各种铺设锦垫的坐具，不仅漆饰艳丽，花纹精美，而且装饰金属环、流苏、排须等小挂件，显得五光十色，光彩夺目。瑰丽多彩的大漆案，以及各种具有强烈漆饰意味的家具，与当时富丽堂皇的室内环境取

△《历代帝王图》中的家具陈设　阎立本　唐代

此图描绘从西汉至隋朝十三个皇帝的形象。画家力图通过对各个帝王不同相貌表情的刻画，揭示出他们不同的内心世界、性格特征。那些开朝建代之君，在画家笔下都体现了“王者气度”和“伟丽仪范”；而那些昏庸或亡国之君，则呈现猥琐庸腐之态。画家用画笔评判历史，褒贬人物，扬善抑恶的态度十分鲜明。人物造型准确，用笔舒展，色彩凝重。

△《伏生授经图》中的家具陈设　杜堇　唐代

此图画伏生在讲授典籍的情景。图中的伏生形象清癯苍老，手持书卷，席地而坐，似正在认真讲授。其神情专注而和蔼。线描手法高超，敷色清雅。

得了珠联璧合、和谐得体的艺术效果。这种家具的装饰化倾向，在各类高级屏风上更显得无与伦比，受到当时诗人们的歌咏和赞叹。“屏开金孔雀”“金鹅屏风蜀山梦”“织成步障银屏风，缀珠陷钿贴云母，五金七宝相玲珑”以及“珠箔银屏逦迤开”等生动的词语描绘，为我们展现出了一幅幅金碧辉煌、珠光宝气的屏风景象。这些屏风象征着当时人们的审美理想，说明人们在追求金、银、云母、宝石等天然物质美的同时，还格外热衷于精神文化在家具中的体现。因此，唐代出现了许多高级的绢画屏风，如新疆省吐鲁番阿斯塔那出土的唐代绢画屏，八扇一堂，绘画精致，色彩富丽堂皇。在唐代壁画墓中，还能见到仕女画屏风、山水屏风等，都具有很高的文学性和艺术性。据文献记载，这种画屏价值很高，文献记载“吴道玄屏风一片，值金二万，次者值一万五千；阎立德一扇值金一万”。

如此昂贵的画屏价格，足以证明唐代家具在人们日常生活中所具有的重要地位。

唐代是高形椅桌起始的时代，椅子和凳开始成为人们垂足而坐的主要坐具。唐代的椅子除扶手椅、圈椅、宝座以外，又有不同材质的竹椅、漆木椅、树根椅、锦椅等。众多的品种、用材、工艺，充满着浓郁的时代气息。唐代高形的案桌，在敦煌85窟《屠房图》、唐卢楞伽《六尊者像》中也有具体的形象资料，如

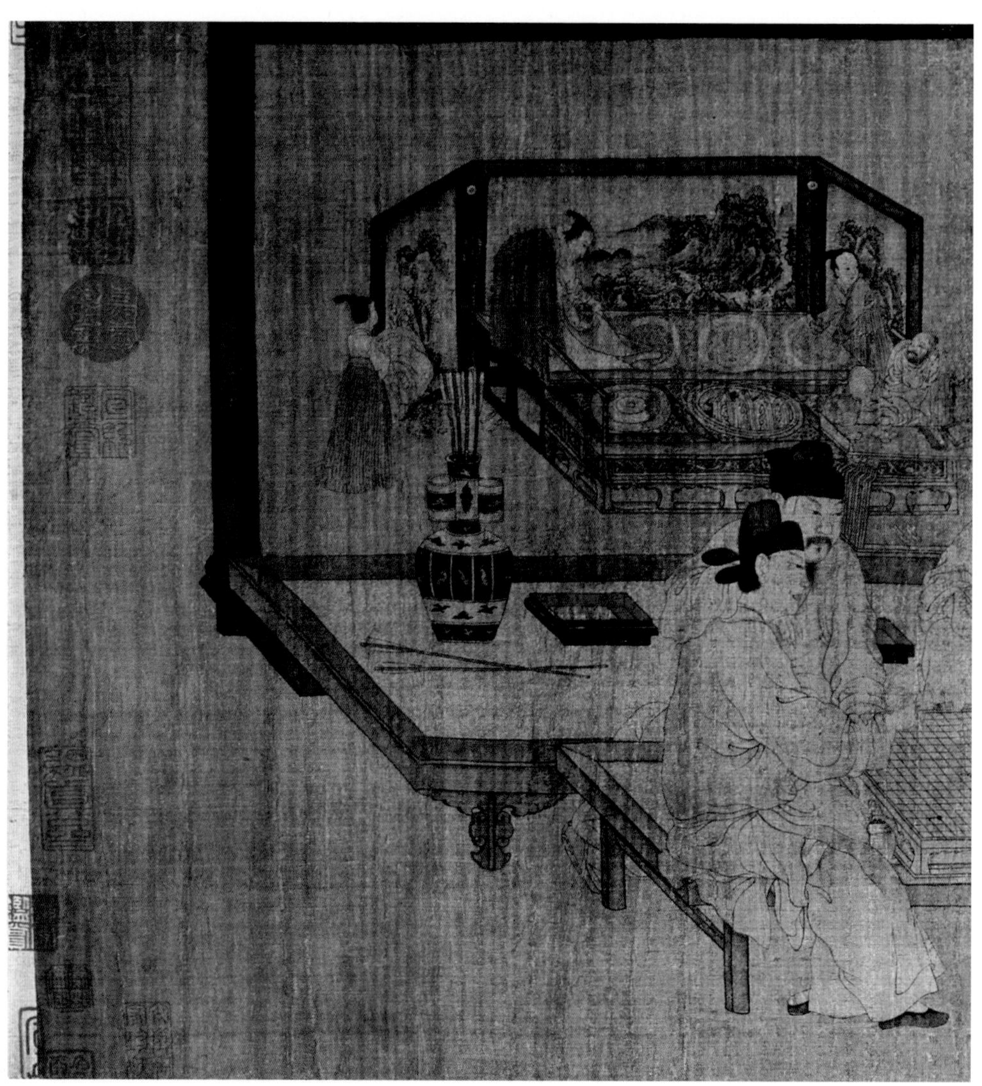

△《重屏会棋图》中的家具陈设　周文矩　五代

此画描写南唐中主李璟与其弟景遂、景达、景逖会棋的情景。居中观棋者为李璟，对弈者为景达和景逖。人物身后的屏风，画着白居易《偶眠》诗意图，图中又有山水屏风，故此画名“重屏会棋图”。李璟正面前视，若有所思的样子；两位对弈者画做侧身或半侧身，彼此观察着，于微笑中透着决心角逐的神气。景遂在左边观战，把一只手臂搭在兄弟肩上。周文矩与“李五景”同时代，他所画的应该是人物真实的肖像，具有艺术和历史两方面的价值。此图线描细劲有力，多转折顿挫，别具一种风采，为周文矩常作的“战笔”，给人以古拙之感。

△《勘书图》中的家具陈设　王齐翰　五代南唐

此图题为“勘书”，却并没有把人物画做伏案校勘状，而只刻画勘书人挑耳歇息的情景，故又名“挑耳图”。魏晋以来，许多文人受玄学思想的影响，追求行为和心境的返归自然，崇尚放纵和旷达。这位勘书人的形神，正表现出某种胸中萧然无物的魏晋风度。从绘画的角度而言，这一形象可谓形神兼备。衣纹于圆劲中略有起伏转挫，敷色细润清丽，表情刻画妙得神趣。画家把最大的画面空间留给三叠屏风，屏风上绘青绿没骨山水，独出一格，与颇有出尘之姿的画面人物很和谐。

粗木方案、有束腰的供桌和书桌等。另外，唐代还出现了花几、脚凳子、长凳等新的品种。当然，唐代在一定程度上还未完全离开以床、榻为中心的起居生活方式，适应垂足而坐的高型家具仍属初制阶段，不仅品类的发展不平衡，形体构造上也依旧处于过渡状态。

（4）五代家具

对于五代时期的家具，根据《韩熙载夜宴图》所绘的凳、椅、桌、几、榻、床、屏、座来看，已十分完善，但也有人认为画中的家具为南宋作品。画中的这些家具，究竟属于五代还是南宋，确实值得考证一番，这不仅为《韩熙载夜宴图》的创作年代提供了论据，而且对中国古代家具的断代也有着重要的作用。

不过从周文矩编写的《重屏会棋图》和王齐翰编写的《勘书图》中，都可以对五代时期的屏风、琴桌、扶手椅、木榻等家具的造型和特征获得深入的了解。当时，四足立柱式样与传统壶门构造的家具结构已经同时发挥出它们的造型作用，并在结构的转换中逐渐确立起自己的地位。

1975年4月，江苏省邗江蔡庄五代墓出土的木榻等家具实物，提供了五代家具结构真实而具体的范例。其中，木榻长188厘米，宽94厘米，高57厘米。榻面采用长边短抹45°格角接合，但没有出现格角榫，仅采用钉铁钉的做法构成框架。两长边中间排有七根托档。托档上平铺九根长约180厘米、宽3厘米、厚1.5厘米的木条，也用铁钉钉在托档上。托档与长边连接时，皆用暗半肩榫。木榻四腿以一平扁透榫与大边相接，并用楔钉榫加固。腿料扁方，中间起一凹线，从上至脚头

△《韩熙载夜宴图》中的家具陈设　顾闳中　五代

此图描绘五代南唐大臣韩熙载放纵不羁的夜生活，以长卷形式展现了夜宴活动中听乐、观舞、休息、清吹、送别五个互相联系而又相对独立的场面。韩熙载的形象具有肖像画特点，神态抑郁苦闷，被夜宴的欢快反衬得格外明显，符合他当时受到宫廷猜疑和权贵排挤的背景。此图人们的身份表情及相互关系处理得妥帖自然，衣着服饰、樽俎灯

的两侧设计两组对称式的如意头云纹，富有强烈的装饰效果。两侧腿足间设有宽4.2厘米、厚2.6厘米的横档一根。腿足与两大边相交处设有云纹角牙一对，也是采用铁钉在大边上，只是与脚部相接处采用了斜边。同时出土的还有六足木几等家具。

这件木榻与五代绘画中的家具图象有着相同的时代特征，是五代家具难得的实物资料，在中国古代家具史上具有明确断代的价值。其中的如意头云纹作装饰的扁腿，是富有鲜明传统特点的民族式样之一，它自隋唐一直延续到宋元，前后经历近千年的历史。明清家具中的如意云纹角牙，也都出于这一渊源。

3 | 宋元家具

唐五代以后，宋代的经济与文化继往开来，使中国物质和精神的优秀传统得到了一次发扬。封建时代文明的丰硕成果，在两宋时代取得了更大的收获，增添了许多新的韵味。在传统的手工业部门，纺织和陶瓷都以最卓越的成就超过历史水平，中国古老的传统家具也焕发出一种新的精神面貌，表现出新的生命力。

首先，经过魏晋南北朝和隋唐的长时间过渡，结束了“席坐”和“坐榻”的生活习惯，垂足而坐的生活方式在社会生活中的各个领域里渐渐地相沿成俗，包括在茶肆、酒楼、店铺等各种活动场所，人们都已广泛普遍地采用桌子、椅凳、长案、高几、衣架、橱柜等高型家具，以满足垂足而坐的生活需要。生活中，原先与床榻密切关联的低矮型家具都相应地改变成新的规格和形式，如在河南省禹县白沙宋墓一号墓室西南面的壁画上，以及宋代绘画《半闲秋兴图》中，都已把

烛、帐幔乐器和床椅桌屏也描绘得细致逼真。在用笔赋色方面也达到很高水平，表现出与唐人不同的风格技法。用笔柔劲，出入笔轻重分明，设色绚丽而清雅，鲜丽的淡色与浓重的黑白红相比衬穿插。人物面部、双手与衣褶，勾染结合，显现凹凸之感，以颜色覆盖墨线上，复以色笔勾勒，增加了鲜明感与统一感。这件作品无款，有南宋、元、明、清代人题跋。此画是中国古代工笔人物画的经典之作，“听乐”和“清吹”部分尤其精彩。

妇女们梳妆使用的镜台放到了桌子上，而且陆游在《老学庵笔记》中也对这种情景作了记载。

（1）宋代家具

①巨鹿县出土的宋代木桌、木椅

宋代垂足而坐的家具实物，有解放前河北省巨鹿县出土的一桌一椅。木桌、木椅的背面都墨书“崇宁三年（1104），三月二□四□造一样桌子二只”字样，是北宋徽宗时代的民间实用家具。木桌桌面长88厘米，宽66.5厘米，高85厘米，桌子四足近似圆形，两横档与四竖档做成椭圆六面形，剑棱线。边抹夹角为45°格角卯榫结合，比之五代木榻已有明显的进步。在边抹和角牙折角处都起有凹形线脚。木椅面宽50厘米，进深54.6厘米，通高115.8厘米，座高60.8厘米。椅子搭脑呈弓形，挖弯6厘米。椅面抹头与后长边不交接，分别与后腿直接接合，抹头与前长边采用45°格角榫做法。座面面板两块拼合，端头与短抹落槽拼合，但与长边处只是平合拼接，尚未形成攒边的做法。

②江阴县出土的北宋桌椅

1980年12月，江苏省江阴县北宋“瑞昌县君”孙四娘子墓出土杉木材质的一桌一椅。桌面正方形，边长43厘米，厚3厘米，桌高47.6厘米，腿足呈扁方形，与面框用长短榫相接。桌面面框宽41厘米，采用45°格角榫接合。框内有托档两根，用闷榫连接。框边内侧有0.2厘米的斜口，与心板嵌合，心板厚0.9厘米。桌面下前、后均饰牙角。木椅椅面宽41.5厘米，进深40.5厘米，厚3厘米，通高66.2厘米，座高33厘米。此椅前长边与左右面框采用45°格角榫，后长边与左右的面框不相交，直接同后腿相接，其构造方法与巨鹿县出土的木椅大致相同，可能是北宋椅面结构的一种通行制作程式。面框横置托档一根，承托心板。框边内侧为0.2厘米的斜口，与厚1.1厘米的心板嵌合。足高30厘米，粗4厘米×4.1厘米。前后左右设步步高管脚档，前足面框下有角牙。此椅靠背仅在两腿间设一横木，作向后微弯状，上端所承如意形挑出的搭脑，形与唐椅搭脑相似，应是传统的承继关系。木桌四足与木椅后腿者分别钉有侍俑，它们有的手中持物，应该是另有含义。江苏省溧阳竹箦李彬夫妇墓（北宋）还出土木制明器木椅和木长桌各一件，都是宋代家具珍贵的实物史料。

③两宋家具的成就和特色

两宋时代的家具从大量的宋代绘画作品，以及发掘出土的墓室壁画、家具模

△《绣栊晓镜图》中的家具陈设　王诜　宋代

图中一晨妆已毕的妇人正对镜沉思，抑或端详自己，仪态端庄。一个侍女手捧茶盘，另一妇人正伸手去盘中取食盒。图中用笔细润圆滑，敷色妍丽而又清秀。周围的灌丛、桂树皆以双勾填色法绘出，十分细致，画面有一种略带哀怨的闲适之风。此图人物造型似取材于另一幅宋代作品《饮茶图》，作者已不可考。

型、有关文献资料中不难看到，在形式上，它几乎具备了明代家具的各种类型，如椅子，宋代已有灯挂式椅、四出头扶手椅、圈椅、禅椅、轿椅、交椅、躺椅等，一应俱全。虽然其工艺做法并未完备，但各种结构部件的组合方法和整体造型的框架式样，在吸收传统大木梁架的基础上业已经形成，并且渐渐得到完善，如牙板、角牙、穿梢、矮柱、结子、镰把棍、霸王档、托泥、圈口、桥梁档、束腰等。从家具形体结构和造型特征上还可以知道，宋代已采用硬木制造家具，如《宋会要辑稿》记载：开宝六年（973），两浙节度使钱惟进有“金棱七宝装乌木椅子、踏床子”等。乌木木质坚硬，为优质硬木，做成的椅子且作“七宝装”，足以说明当时江南制造硬木家具的水平。史籍记载的木工喻皓是江南地区一位杰出的能工巧匠，《五杂俎》中赞誉他为“工巧盖世”“宋三百年，一人耳”。传说他著有《木经》三卷，可惜没有流传下来。宋代的《燕几图》是现在见到的第一部家具专著，这种别致的燕几是适合上层社会贵族使用的一种“组合家具”。

从总体上看，宋代家具至少在以下三方面上从传统中脱颖而出：一是构造上仿效中国古代建筑梁柱木架的构造方法，形体明显“侧脚”“收分”，加强了家具形体向高度发展的强度和坚固性，并已综合采用各种榫卯接合来组成实体；二是在以漆饰工艺为基础的漆木家具中，开始重视木质材料的造型功能，出现了硬木家具制造工艺；三是桌椅成组的配置与日常生活、起居方式相适应，使家具更多地在注意实用功能的同时，表现出家具的个性特征。宋代家具已为中国传统家具黄金时代的到来，打下了坚实的基础。

（2）两宋时期的辽、金家具

辽、金与两宋同处一个时代，辽、金家具工艺的许多特色，如内蒙古自治区解放营子辽墓出土的木椅和木桌，河北省宣化下八里辽金墓出土的木椅和木桌，大同金代阎德源墓出土的扶手椅、地桌、供桌、帐桌、长桌、木榻等，无一不反映出它们与两宋的社会生活是相互融通的。出土的各种家具，有些是明器，工艺构造比较简单、粗糙，但基本结构造型与宋制并无多大差异。辽、金地区出土的两件床榻，虽表现出一定的地方特色，但时代性倾向大于地区性。解放营子辽墓木床的望柱栏杆和壶门等装饰方法，都与唐宋以来的传统相接近。从许多辽、金墓室壁画的居室生活图象中，更能看到与两宋文化的密切关系，辽、金的家具也反映着相同的文化倾向。

（3）元代家具

中国元代家具依旧沿着两宋时期的轨迹，继续不断地发展和提高，家具的品种有床、榻、扶手椅、圈椅、交椅、屏风、方桌、长桌、供桌、案、圆凳、巾架、盆架等。较有代表性的是元代刘贯道绘《消夏图卷》中的木榻、屏风、高桌、榻几和盆架等，与宋代家具一脉相承。山西省大同冯道真墓室壁画中的方桌，在保持宋代基本做法的同时，桌面相接处牙板彭出，体现了一种新的形体特征。山西省文水北裕口古墓壁画中的抽屉桌，在注重功能的同时，又对构造作了新的改进。腿足彭出在山西省大同元代王青墓出土的陶供桌，以及大同东郊元代李氏崔莹墓出土的陶长桌上都很明显。这种被考古界称为“罗汉腿”的腿式，不仅是带有地方风格的形式，也是宋代以来普遍流行的一种新的造型式样。

在赤峰元宝山元墓壁画、元代山西永乐宫壁画，以及以上元墓出土的明器中，家具的弯脚造法和花牙的部件结构更趋向成熟，如彭牙弯腿撇足坐凳，已达到极其完美的程度。

▷ **黄花梨夹头榫平头案　明代**

长103.5厘米，宽51厘米，高84厘米

此案面以标准格角榫造法攒边打槽装纳独板面心，下有三根穿带出梢支承，皆出透榫。抹头亦可见明榫。边抹冰盘沿上舒下敛至压窄平线。带侧角的圆材腿足上端打槽嵌装素面耳形牙头，再以双榫纳入案面边框。桌脚间安两根椭圆梯枨。造型简洁，不事雕饰，洗尽铅华，尽显黄花梨材质之珍贵和木纹之美丽。牙板光素未调一刀，俗称“刀子板”，干净利落。圆腿微撇带侧角，脚踏实地，是明代书案的典型特征。

◁ **黄花梨仿竹六仙桌　明代**

长87厘米，宽83厘米

此桌面以格角榫造法攒边，打槽平面镶独板面心，下装两根穿带出梢支承，另有相交穿带加强承托。抹边立面起双混面。形状相似的牙条与束腰为一木连造，以抱肩榫与劈料腿足结合。牙条与罗锅枨之间栽入四根格肩竹节形矮老。此桌子的设计受竹质或藤编家具影响，当时此种以珍贵木材仿制竹材或藤编的家具，想必是反映文人内敛不求外炫的心态。

方桌依体形大小可称为八仙、六仙或四仙桌。虽非单一用途，但常为餐桌使用，其名赫然与可供坐人数有关。

◁ **黄花梨圆腿顶牙罗锅枨瘿木面酒桌　明代**

长104厘米，宽73厘米，高87厘米

此酒桌结构完美，比例匀称，做工考究，其线条的运用和空间的完美分割颇有功力，是明代家具优雅的典范。面心采用整张楠木瘿木制成，借此由不同的材料来完成生动的装饰效果。

元代家具的木工工艺继两宋以后又取得新的成果。山西省大同东郊元墓出土的两件陶质影屏明器，已是发展了的建筑小木作工艺的优秀体现，不管是部件结构的组成方式，还是装饰件的设计安排，都遵循木工制作高度科学性的要求，以合理的形式构造表达了人们对居室家具的审美观念。

4 | 明代家具

明代家具是在宋元家具的基础上发展起来的，并达到前所未有的黄金时代。主要产地在苏南地区，究其原因，除历史的传承和积淀外，离不开当时的社会条件。

1368年朱元璋建立了明政权后，手工业迅速兴旺起来，出现大批工商业城市，全国的经济空前繁荣。明朝最初定都南京，依托于山清水秀的江南地区，丰富的物产，悠久的历史文化，滋润着各类艺术品的发展，成为“南北商贾争赴”的经济中心。除南京外，苏州也是一个“五方杂处，百业聚汇，

△ **黄花梨架几　明代**

边长45厘米，高87厘米

此架几为四方平式几，几面攒边装板，粽角榫，中设两隔板，三面装挡板形成暗格，造型独特，直腿起阳线，足刻回纹，整体简练朴实。

△ **黄花梨无束腰瓜棱腿方桌　明代**

边长99厘米，高84厘米

此桌面攒框两块一木对开的心板，下设穿带。无束腰，攒牙子边缘起线，长短木料圆角相接。桌腿起瓜棱线，俊俏挺拔。

为商贾通贩要肆”的城市，同时，这里也是工艺品生产中心，像丝绸、刺绣、裱褙、窑作、铜作、银作、漆作、玉雕、首饰、印书、制扇与木作等，都遥遥领先于其他的地区。这些经济与文化上的区域优势，为明代家具的生产制作，创造了得天独厚的条件。

明代时期，航海技术的提高，使海外贸易得到空前的恢复与发展。明代的社会稳定与经济发展，促使我国与海外建立了广泛的贸易关系，当时的主要海外贸易国家有日本、南洋诸

△ **黄花梨南官帽椅（一对）　明代**

宽64厘米，深49厘米，高99厘米

此椅通体光素，扶手和靠背呈圆弧状，使乘坐者舒适地被包围在椅子中。软藤座面。正面和侧面装细木料做成的券口牙子，横直枨加矮老。此椅搭脑与后腿、扶手和前腿以斜接方式连接，并以铜皮加固，这种做法在南官帽椅中并不多见。

△ **黄花梨长条凳　明代**
长100厘米，宽33厘米，高44.5厘米

岛与东南亚各国。明永乐至宣德年间，杰出的航海家郑和率领浩浩荡荡的船队七下西洋，写下了世界航海史上的辉煌一页。当时中国的船队带去了瓷器、丝绸、茶叶、棉布，返回时除其他贸易品外，还带回了东南亚地区大量的优质硬木料，如紫檀木、花梨木等。这些优质木材通过海运源源不断地抵达中国，为明代家具制作提供了充足的物质条件。另外，与日本的贸易，也带来了东洋的漆器镶嵌工艺。

明代是我国古代建筑与园林最兴盛的时期，当时上至皇宫官邸，下到商贾士绅，都大兴土木建造豪宅与园林，这些都需要家具来配套与装饰点缀，客观的需求极大地刺激了家具业的发展。明代皇帝不仅重视家具，甚至还亲自制作家具，据说他们的技艺有时甚至超过御用工匠，明代天启皇帝就是其中的一位佼佼者。皇帝如此，大臣更不甘落后，据史书记载，大官僚严嵩在北京与江西两地的屋宅房舍，竟多达八千四百余间，由此可见豪强官邸对家具需求的惊人程度。另外，明代的园林遍布江南，据《苏州府志》记载，苏州在明代共建有园林271处，这就需要珍贵的高档次家具来装置与陈设。

造就明代家具辉煌成就的，还有一个极其重要的因素，那就是文人的参与。例如唐寅在临本《韩熙载夜宴图》中就增绘了二十余件家具，这件事充分说明了

△ **金丝楠南官帽椅　明代**

宽63厘米，深50厘米，高107.5厘米

此椅为金丝楠木老料新工，通体圆材，曲婉的罗锅枨式搭脑，全身光素，独板靠背。鹅脖、立柱与腿一木连做，扶手及联帮棍线条流畅。椅盘洼膛堆肚镶面板，下用罗锅枨加矮老。管脚枨弃圆取方，平易中略加变化，此椅没有雕饰，以结构取胜，其以搭脑，双扶手之优美曲线，使上体形成近圆的视觉效果，下体是方正稳定的空间感觉。

▷ **鸡翅木两屉桌　明代**

长157.5厘米，宽69厘米，高82厘米

◁ **黄花梨霸王枨平头案　明代**

长136厘米，宽70厘米，高80厘米

此平头案通体选黄花梨优材制成，案面攒框镶板，板面双拼无束腰，面下设长方条，光素无工，四方直腿内侧用霸王枨与桌面相连，内翻马蹄足遒劲有力。

△ **黄花梨卷叶纹三弯腿炕桌　明代**

文人对家具的特殊兴趣。又如文徵明的后人文震亨编写的《长物志》中，就对宅院中的各种家具，如床、榻、架、屏风、禅椅、脚凳、橱、弥勒榻等，都依据文人的情趣与审美观念进行了评述。文人的参与，孕育了明代家具丰富深刻的文化底蕴。

明式家具的造型艺术和工艺技术是当时世界上的最高水平，“明式家具”成为一代骄傲。它的特点是线条简练，风格典雅，造型优美，朴实大方，无繁琐冗赘之弊；结构科学、比例适度、使用舒适，榫卯精巧，坚固牢实，选材精良，重

△ **黄花梨四出头官帽椅（一对）　明代**

宽59.5厘米，深45厘米，高117.5厘米

官帽椅简称扶手椅，分四出头官帽椅和南官帽椅两种。四出头官帽椅的椅背搭脑和扶手的前端长出椅柱，此类椅因外形轮廓酷似古代官员帽子，故名。搭脑与扶手出头，称“四出头官帽椅”，因多在北方流行，又称“北官帽椅”。此椅通体光素，以做工精细、线条简洁取胜，为明式官帽椅的典型风格。

△ **金丝楠木方柜　明代**

长68厘米，宽38厘米，高100.5厘米

此柜顶为标准格角攒边打槽平镶面心。四根方材腿直落地面，粽角榫与柜顶边框结合，下饰素牙条。柜门每扇分为三段打槽装板，落膛踩鼓，装有白铜方形合叶、面叶、钮头、夔龙吊牌及铜锁。

视纹理和色泽。明代家具与以前家具相比具有以下特点。

（1）制作工具先进

明代的冶金工业高度发展，给框架锯与刨凿等工具的制作提供了优质材料。“工欲善其事，必先利其器”，有了先进的工具，使家具的制作更加精密化了。所以今天拆修明代家具时，就可以发现其榫卯制作得非常严密，一丝不苟，榫与卯的配合通常不使用动物胶汁，这样的家具结构，若无相当先进的工具是办不到的。制作工具的先进是造就明式家具的基础条件。

（2）制作材料发生了变化

宋代的家具虽然丰富，但它的制作材料都以软木与白木为主，并在其表面作髹漆装饰。到明代，家具制作的工具先进了，工匠们可以选用硬质木材来进行加工，于是黄花梨、紫檀木、铁力木、鸡翅木、柞针木等高档硬木，就成为家具制作的最佳选择。当时由于海外贸易的兴盛，东南亚的高档硬质木材源源不断进口，另外在我国南方也生长着少量的高档硬木。这些高档硬木，为聪明的工匠们提供了施展技术的客观条件。由于木材的名贵，就使明代家具变得异常珍贵。

（3）追求天然的木质纹理之美

由于家具木材的变化，人们的审美

△ **黄花梨格子纹书柜　明代**

长97厘米，宽46厘米，高180厘米

此书柜通身选黄花梨为材，取料上乘，色泽古雅。柜门对开，面板边框饰铜合叶；上部攒门雕饰格子纹，下部柜门落膛镶独板，设刀字形牙板，直腿方足。

▷ **黄花梨罗锅枨绿纹石面香案　明代**

边长84厘米，高53厘米

香案是陈放香炉、香熏的专用家具。因香炉在焚香时产生热量，所以香案的案面多采用石质。此香案束腰扁马蹄腿，高拱罗锅枨，装饰“事事如意”纹卡子花，边缘起浑圆的阳线，案面攒框镶嵌大块绿纹石板，石面如春水般微起波澜，温润细腻，包浆浓郁，散发着无限生机。

△ **海南黄花梨圈椅、几（三件）　明代**

△ **黄花梨小圈腿平头案　明代**

长133厘米，宽45厘米，高79厘米

圈腿平头案也称夹头榫条案，是明式桌案中经典的品种，造型简单，但要制作得精彩而有特点则非常不易，是最能体现制作者艺术素养和基本功的家具。此案造型紧凑，素雅可人，各部分比例恰到好处，空灵俊秀，彰显文人心境。

情趣，已从髹漆的人工之美，转化为追求木质的天然之美。那些优质硬木质地坚硬，强度高，色泽幽雅，纹理清晰而华丽，为了更好地体现木质的天然美，在装饰家具时，以不髹漆为主要工艺，只在其上打磨上蜡即所谓“清水货”。这种追

△ **黄花梨雕牡丹圈椅（一对）　明代**

◁ **黄花梨有束腰三弯腿罗锅枨方凳　明代**

边长52厘米，高54厘米

此方凳为明代晚期制作，雕饰繁复，风格华丽，工艺考究。凳面落膛作，硬席心，束腰，外翻三弯腿，原有托泥，现已丢失。牙板铲地浮雕卷草螭龙纹，肩部浮雕兽面披肩，罗锅枨两端浮雕螭龙纹。

▷ **黄花梨有束腰马蹄罗锅枨长条桌　明代**

长158厘米，宽58厘米，高87厘米

此长条桌攒心面板，采用了明式桌类家具最标准的造型，束腰、马蹄腿、罗锅枨，规矩而雅致。条桌既可靠墙陈设，上置文玩；又可摆放在屋子中央，用来分割室内空间，是明式家居环境中不可缺少的家具。

求天然的木质纹理美的理念，体现了古人崇尚自然、师法自然的艺术宗旨，故而营造了明式家具古朴端庄的情趣。明代家具经过了数百年的使用与流传，大都在表面呈现出一种自然光泽，俗称“包浆”。这种天然的肌理质感，在今天看来更加意蕴丰富、耐人寻味。

（4）家具形体结构严谨，造型装饰洗练

明代家具在形体结构上，较宋代又有新的发展，更为合理。束腰、托泥、马蹄、牙板、矮老、罗锅枨、霸王枨、三弯腿等工艺，不仅使家具的结构严谨，更使视觉重心下降，从而产生了稳重感。明代家具不事雕琢，追求以线条与块面

△ **黄花梨四出头官帽椅（一对）　明代**

宽59厘米，深48厘米，高113.5厘米

四出头官帽椅在座椅品级中，是身居高位者的坐椅。它匀称的雕刻与艺术的线条，成为最受人们欢迎的中国家具之一。这对四出头官帽椅具有典型的样式——全无雕刻饰品，却有雕刻的流畅线条，可与苏州出土的晚明王锡爵墓中的袖珍家具，以及常见于晚明木刻版画中的典型四出头官帽椅相比较。

此椅柔和的圆头形搭脑和双曲线素靠背板流畅地相接，使整体产生圆润及简洁感。扶手在鹅脖处出头，没有强固牙板。椅盘以明榫格角榫攒边法制造，在透眼处与抹头齐；下有两根弯带加强椅面作用。原来的软席屉已换成硬板，椅盘下安置弧度优美的起线壶门券口牙子；两侧及后面则为素牙子。传统的椭圆形扁平横枨使腿足更加坚固。踏脚枨下的牙子尺寸合宜，与上面的牙子相互配合。可谓美材美器。

◁ **黄花梨大衣箱　明晚期**

长49厘米，宽36厘米，高29厘米

此衣箱由黄花梨制成，其主要是以存放衣物和书籍。

此箱四面以隐燕尾榫相接，一木成器，面板整剖，通体光素，箱体正中嵌方形铜页，扣以云头如意拍子，两侧装提环，做工取材均极为考究。

此箱色泽艳丽，包浆莹润，保存至今仍完好如初，实属不易。

△ **黄花梨攒镶鸡翅木矮靠背小禅椅（一对）　明晚期**

宽51.5厘米，深44.5厘米，高94.5厘米

此对椅直搭脑，造型少见，为一木而刻出三段相接之状，折转有力。靠背板平直宽厚，正中嵌鸡翅木板。椅盘下装素面刀牙板，腿间设步步高赶枨，正面脚踏下装素牙条。

该黄花梨椅造型独特，座面偏矮，造型奇妙，工艺独特。但整椅形态稳重，气韵沉静，有仙风道骨之感，堪可称为禅椅。

此对禅椅与叶承耀先生之收藏或原为一堂。

相结合的造型手法，给人一种幽雅、清新、纯朴而大器的韵味。虽然线条装饰手法，早在宋代就已出现，但到了明代，将这种造型艺术发挥到登峰造极的地位，因而形成了明式家具明快、简洁而洗练的艺术风格。

◁ **黄花梨镶百宝笔筒　清乾隆**

直径22厘米，高21.5厘米

此笔筒精选上乘大料黄花梨整料制成，圆口，直壁，采用砗磲、玛瑙、玉石、象牙、珊瑚等精材镶嵌山石、花卉、鸟虫等典雅图案。

（5）家具款式系统化

宋元家具的品种已相当发达，但并无明确的功能划分。但是到了明代，出现了以建筑空间划分的家具，形成了厅堂、书斋与卧室三大系统。在家具的陈设上，产生了以对称为基调的格式，从而奠定了中国古典家具款式的基础。

△ **红木雕云龙书箱　清乾隆**

长44厘米，宽27厘米，高 51厘米

△ **黄花梨玫瑰椅　清早期**

宽56厘米，深43厘米，高84厘米

5 | 清代家具

清代家具继承了明代采用优质硬木的传统，同时它又汲取了外来文化的影响，形成了绚丽、豪华与繁缛的富贵气，取代了明式家具的简明、清雅、古朴的书卷气，显得“俗”气些，使得它的艺术价值不如明代家具。

清代家具的发展与形成，可以分为三个时期：清初期，统治者为了有效地控制全国，使国家经济得到恢复与发展，在许多方面都继承了明代的传统，家具制造也不例外，基本保持了明式的工艺风格；自清雍正至嘉庆年间，是清代家具发展的鼎盛时期，此时清朝国力兴盛，家具生产在明式家具的基础上走出了自己的模式，尤其是乾隆时期，使家具生产步入了高峰，其风格反映了当时强盛的国势与向上的民风，世称“乾隆工”，为后世留下了相当多的珍品，

△ **金丝楠木柜（多宝柜）　清代**

长59厘米，宽41厘米，高96.5厘米

此柜通体方材，四面平式。中段为三个方形大抽屉，四边以小抽屉围绕，间隔适度，屉面饰以梅花形面叶，椭圆形吊牌，美观大方。

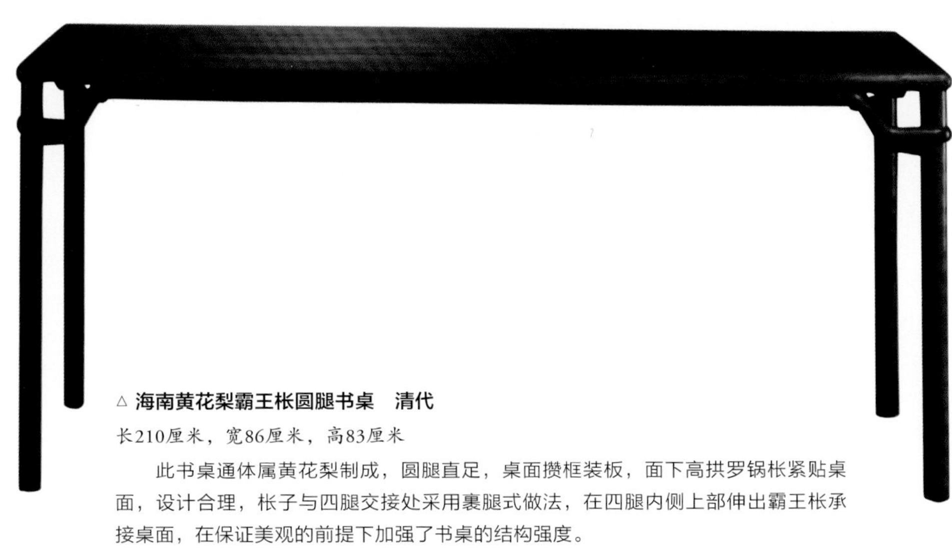

△ **海南黄花梨霸王枨圆腿书桌　清代**

长210厘米，宽86厘米，高83厘米

此书桌通体属黄花梨制成，圆腿直足，桌面攒框装板，面下高拱罗锅枨紧贴桌面，设计合理，枨子与四腿交接处采用裹腿式做法，在四腿内侧上部伸出霸王枨承接桌面，在保证美观的前提下加强了书桌的结构强度。

被视为典型的清式风格；自鸦片战争后，由于外国资本主义的入侵，西方的家具文化不断涌入，使传统的家具风格受到了猛烈的冲击，从而使强盛的清代家具走向衰退期。

清代，版图辽阔，物阜民丰，兼之国力强盛，四海来朝，八方入贡，极大地促进了经济的发展，而经济的发展创造出来的丰富的物质条件，又使民间工艺美术发展获得了雄厚的基础。清代的艺术水平，在沿袭明代基础上，发展普及程度明显达到一个新的高度，艺术门类多姿多彩，艺术流派争奇斗艳，理论著述琳琅满目，由于生产力的发展及商品经济的繁荣，对社会生活方方面面都产生了重复的影响。

创造精神生活与文化享受，可以说，清代是中国工艺美术发展集大成的顶峰时期，这一时期的陶瓷、玉器、竹木牙角金属，漆器等各种工艺美术品都得到了很大的发展与提高，作为起居必备的家具也不例外。

我国传统的家具制作，以清代家具最为讲究。回顾家具发展史，清代可以说

△ **黄花梨瓜棱大面条柜（一对）　清代**

长109厘米，宽59厘米，高198厘米

此条柜通体黄花梨制成。主体框架作双素混边，柜顶为盖帽式，两扇柜门对开，中间有一立闩，立闩与门皆安条形铜质面叶。

△ **红木卷草纹剑架　清代**

长100厘米，宽23厘米，高47厘米

此剑架为红木质地，色泽暗红，包浆细润，底座抱鼓墩，上安立柱，以透雕草叶龙站牙相抵。立柱之上格肩插元宝剑托，之间安横枨，中嵌戏珠龙纹条环板，下有双龙捧寿牙子。

是家具制作技术臻于成熟的顶峰时期。入清以后，由于顺治、康熙、雍正、乾隆等朝代孜孜不倦的努力，至清中期，清代的社会经济达到了空前的繁荣。由于国库充盈，使清代统治阶层能够拿出大笔金钱用于满足纸醉金迷的生活。同时，由于这一时期的版图辽阔，对外贸易频繁，南洋地区的优质木材被源源不断地购掠

△ **黄花梨笔筒　清代**

直径5厘米，高15.5厘米

此笔筒选用黄花梨木料，直口平底，木纹清晰，素地净体。

△ **海南黄花梨笔筒　清代**

直径14厘米，高21厘米

此笔筒以海南黄花梨料整体挖制而成，通体光素，色彩沉郁，质地坚硬细密。

而来，这为家具的制作提供了充足的原材料。另外，清初手工业技术的迅速发展和统治阶层豪奢的心态都对清式家具风格的形成，起到了积极的促进作用。

清代家具的主要产地在广州、苏州和北京三处，此外还有上海的红木家具、云南的镶嵌大理石家具、宁波的骨嵌家具、山东潍坊的银丝家具等。其中以广州（广作）家具、苏州（苏作）家具和北京的宫廷（宫作）家具为这一时期的主流产品，它们各自代表了一个地区的风格特点，被称为代表清代家具的三大名作。

清代家具的艺术成就虽然不如明式家具，但在中国古典家具的大家族中，清式家具仍占有重要的地位，尤其是清乾隆至嘉庆年间的家具，仍具有较高的收藏价值，其中以紫檀家具为典型代表。

由于广泛吸收了多种工艺的美术手法，再加上统治阶级欣赏趣味的转化，家具风格为之一变，逐步形成了别具一格的清式家具。清式家具，尤其是宫廷用的，出现了雕漆、填漆、描金的漆家具，同时木雕和玉石、象牙、珐琅、瓷片、

△ **黄花梨雕龙纹宝座　清代**

宽89厘米，深66厘米，高97厘米

此宝座选材黄花梨，做工精美雅致，包浆温润圆滑。为三屏结构，中高侧低，气派十足。围板内侧满雕飞龙奇兽，神情百态，祥瑞霸气，背部浮雕博古纹，高雅大方，软藤面，束腰模压板光素，腿起阳线，大挖马蹄，兜转有力，下承托泥，龟足。

文竹、椰壳、黄杨、贝壳等镶嵌工艺也大量运用。清式家具较之明式家具，虽富丽堂皇，却有繁琐堆砌、华而不实之弊，此种弊病到了后期愈演愈烈。不过清代的民间家具，还是以实用经济为原则，基本保持了简朴大方、坚固、实用的传统特点。

清代家具在工艺技术方面具有如下特点。

（1）追求绚丽、豪华与繁缛的富贵气

清代统治者进关以后，他们追求荣华富贵的心态，在家具上表现得非常强烈。明代家具的简明、清雅而古朴的风格，再也不符合他们的审美情趣。而且这时中国的海禁再次开放，西方文艺复兴后的巴罗克式和洛可可式艺术风格迅速传进中国，它们的精雕细琢、绚丽多彩的工艺，正迎合了统治者的心理需要。于是在传统的家具制作工艺上，糅合进西方的造型、雕刻与装饰手段，从而使得家具向华丽的方向大踏步地前进。

（2）用材厚重、体态宽大

因为明代家具崇尚的是不事雕琢的线条之美，所以它的体态明快而轻盈。清代家具就不同了，它崇尚的是豪华富贵之气。为了达到这个目的，雕刻就成为最主要的工艺手段了。从最初的浮雕，一直发展到后来的高浮雕，甚至圆雕，要完成这样繁缛的雕刻，原来明式家具的骨架显然不能胜任，于是家具的用材就被加大放宽。结果华丽的气魄出来了，但原先合理的结构比例失去了，家具变得甚为笨重繁缛。

（3）装饰手法艳丽夺目

为了能达到最佳的豪华富贵气息，清代工匠们在施展雕刻工艺的同时，又极

△ **黄花梨折叠式炕案　清早期**

长79厘米，宽62厘米，高32厘米

此炕案造型独特，壶门牙板内装木轴，桌腿可以向内折叠收起，可以按正常高度陈设，又可降低高度使用，足见匠心独运。

△ **红木镶黄杨大香机　清代**

大地发展了镶嵌工艺。镶嵌工艺在中国的历史非常悠久，可追溯到春秋战国时代的青铜器错金嵌银工艺，明代的家具也常出现镶嵌工艺，但都是做些点缀之用，所用材料也非常有限。到了清代，家具镶嵌工艺达到了空前绝后的地步，几乎遍及所有的地方流派。其中，尤以广作与京作成就最为辉煌，所用材质千姿百态，除了常见的纹石、螺钿、象牙、瘿木外，还有金银、瓷板、百宝、藤竹、玉石、兽骨、景泰蓝等，所表现的内容，大多为吉祥瑞庆的图案与文字。除了镶嵌工艺外，还常采用填色、描绘与堆漆等装饰手法，将家具打扮得艳丽夺目。

（4）地方流派派别多样，各具特色

家具作为人类赖以生存的生活器物，严格地讲，从它诞生后，不同的地区就产生了不同的家具流派，但作为能在全国范围内流行并产生影响力的是从清代才开始的。明代的家具主要生产地在苏南的苏州至松江一带，故称“苏作家具”。在整个明式家具中，苏作家具一统天下。到了清代，由于社会经济的发展，以及统治者的需要，苏作家具独霸天下的格局被打破了，继而兴起了地方流派纷呈的新局面。其中“广作家具”一跃而居榜首，后来在广、苏的基础上，又孕育出皇家豪华的“京作家具”。地方流派的出现，是我国古典家具繁荣的标志，它促进

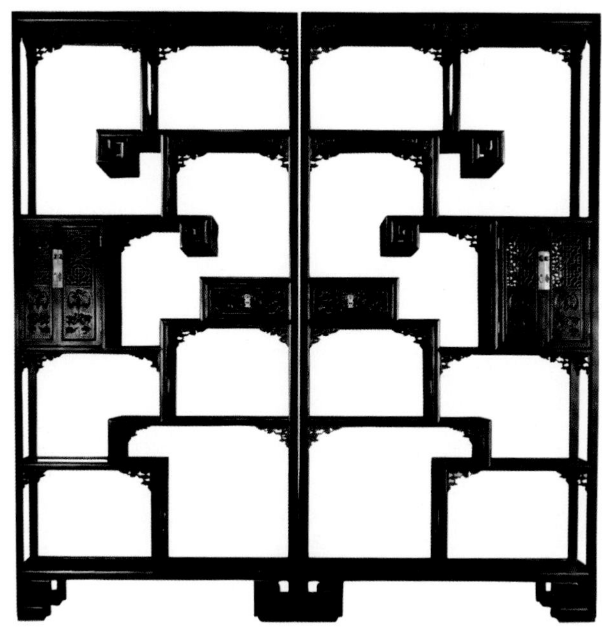

△ **紫檀雕蝠盘纹四面空多宝槅（一对）　清代**

长110厘米，宽38厘米，高220厘米

每件架槅开八孔。其中一侧设一小橱：对开两门，上部灯笼锦透棂，下部浮雕蝠寿纹。另一侧设抽屉一具，抽屉脸浮雕云纹及蝙蝠纹。另在横材与竖材结合的转角处安一透雕云纹托角牙。槅内立墙开出扇面式、海棠式、长方委角等形式的开光洞。

△ **黄花梨圈椅　清代**

宽60厘米，深55厘米，高101厘米

此圈椅形制标准，椅圈位置较高。三攒弯曲的靠背板，上部铲地浮雕团螭，下开高亮脚。后立柱装飞牙，前一腿与鹅脖连做。椅子座面下三面装素券口，置“步步高”赶脚枨。

△ **红木六抽写字台　清代**

长139厘米，宽67厘米，高83厘米

此写字台由台面、双脚柜和一脚踏组成，台面长方形，设四抽，脚柜各一抽屉，脚枨饰冰裂纹，设脚踏，饰笔杆纹。

了家具在工艺、门类、材质、功能等方面的飞跃发展，也构成了清代家具最大的工艺特色与艺术价值。

6 | 民国家具

自晚清以来，直至民国时期，我国多次遭外国侵略，战乱频仍，国力衰微，人民生存条件受到严重威胁。政治和经济上的因素，直接阻碍了家具的发展。所以民国时期的家具，就显得十分平庸与苍白，与前代家具相差甚远。

民国家具的历史很短，民国初期，家具制作还在清末的轨道上运行，真正有自己特点的是在三十年代。民国家具作为中国传统家具与西洋家具的“杂交”有它独特的面貌，其特点归纳起来无非是“以洋为主、以中为辅”和“以中为主、以洋为辅”的两大类别。民国家具作为家具式样的新品种，是外国文化进入中国后，与本土文化的一种融合。

纵观我国家具的历史与现实，民国家具虽说远不如以往时期，但它还是以其巨大的存世量、较实用的工艺与保存价值，不失为收藏的对象。另外随着时间的推移，可以收藏的来源越来越少，尤其是民国家具中精华的部分，即书房家具与仿古家具，都具有潜在的价值，也能被普通寻常百姓家所接受。

第二章

古典家具的种类

一 几案类家具

1 | 几案的起源

几是古代人们卧坐时依凭的家具，案是古代人们进食、读书、写字时使用的家具。人们常把几案相提并论，是因为几和案在形式上难以划出界限来。按照传统习俗，通常把较大的称为案，较小的称为几。关于几、案的名称，也不是一开始就有的。在几案名称出现之前，几案的形式就早已具备了。当时统称为“俎”。以后随着朝代的更替，名称也在不断地变化。要弄清这个问题，须从有虞氏时说起。

俎，最早在有虞氏时称“梡俎”，夏后氏时称“嶡俎”，商代称“椇”，周代称“房俎”。梡俎、嶡俎又可以单称“梡”和“嶡”。这时的俎大多用于祭祀，日常使用的不多。周代后期有了“案”的名称，是因为俎的使用日益增多，但更多的还是用于祭祀神灵和祖先。为了有所区别，才把祭祀用的叫俎，日常生活使用的叫案。从有虞氏开始，俎的形式也随着人类物质文化的进步而不断地改进和发展。最初只是四根立木支撑俎面。《礼记·明堂位》曰：“俎，有虞氏以梡。”郑注云：“梡，断木为四足而已。”孔疏云：“虞俎名梡，梡形四足如案，以有虞氏尚质未有余饰，故知但四足如案耳。”（《三礼图》卷十三）

夏代的嶡俎又进了一步。在两侧前后腿间加上一根横木，距于足口，既增加了两足的牢固性，又起到很好的装饰作用。《明堂位》曰：“俎，夏后氏以嶡。”郑上注云：“梡始有四足，嶡为之距，疏云以有虞氏尚质，但始有四足，以夏时渐文嶡，虽似梡而增以横木为距于足中也。”（《三礼图》卷十三）

商代俎称“椇”，读“矩”。形式较前代又有不同，殷俎把两侧的腿做成曲线形。“椇”本是一种树木的名称，它的枝杆多弯曲，所以将殷俎称为椇。《礼记》曰：“商俎曰椇，读曰矩。曲挠其足。枳之树其枝多曲，商俎足似之。”（《三才图会》器用卷二）

周代称“房俎”，形式又较前代不同。房俎将足间横木移到足下，使四足不直接接地，而是落在横木上，如后世案足下的托泥。《三礼图》卷十三载：“房俎，周俎也，明堂位曰，周以房俎。郑注云，房，谓足下跗，上下两间有似于房。孔疏云，如郑此言则俎头各有两足，足下各别为跗，足间横者似堂之壁，横下二跗似堂之东、西头各有房也。臣崇义又案《诗·鲁颂》曰：‘边豆大房，笺云，大房，玉饰俎也。其制足间有横，下有跗，似乎堂后有房然。诗疏云，俎，大房者，以其用玉饰之，美大其器，故称大也，知用玉饰者，以俎豆相类之物。明堂位说，周公之礼云，荐用玉豆，豆以玉饰，明俎亦用玉饰也。云其制足间横，其下有跗，以明堂位文差次为然，跗下有横，似于堂上有房，故谓之房，此说稍长窃见祭器内俎，两端皆圆，其饰亦异，唯跗足与距则似此房俎。”（《三礼图》卷十三）

自有虞氏至两周，虽然俎在形制上屡有变化和发展，但是其长短尺寸和漆饰却变化不大。《三礼图》云：“俎长二尺四寸，广尺二寸，高一尺。漆两端赤，中央黑。然则四代之俎，其间虽有小异高下，长短尺寸漆饰并同。”

△ **红木雕西蕃莲纹架子床　清早期**

长221厘米，宽154.5厘米，高221厘米大约在战国时期，出现了案、几的名称。形制与前代梡、嶡、椇、房俎略有变化。宋代高承选编写的《事物纪原》说：“有虞三代有俎而无案，战国始有其称。燕太子丹与荆轲等案而食是也。案盖俎之遗也。”汉代以后，案的使用日益广泛，品种也在不断增加。

战国时还出现一种专供依凭的曲几，席地而坐时将其放在腋下、左右均可。形制上有别于俎，属于几案。

汉代以前，几的使用很常见。《格致镜原》引《稗史类编》云：“汉李尤几铭叙曰：黄帝轩辕仁智恐事有阙，作舆几之法。则几创始自黄帝也。”这纯系后代追叙前事。现今发现最早的几的记载，只见于《春秋左传》，曰：“诸侯之师，久于阳，荀偃士匄，请于荀曰：水潦将降，惧不能归，请班师，智伯怒（智伯，荀也），投之以几，出于其间。”其次是《庄子》一书，曰：“南郭子綦，隐几而坐。仰天而嘘，嗒焉似丧其偶。颜成子游，立侍乎前，曰，何居乎，形固可使如槁木，心固可使如死灰乎，今之隐几者，非昔之隐几也。（子綦昔隐几不然乎，今何故更然）。”《战国策》曰：“郭隗谓燕昭王，隐几据杖，眄视相使，则厮役之人至。”

几与案的形制差别不大，只是几的长宽之比略大些。从外形比例看，几面较案面要窄，是专为坐时侧倚靠衬的家具。不过在当时，除长者或尊者外，平常人无资格使用这种家具。《三才图会》说：“几，所以安身也，故加诸老者，而少者不及焉。”《器物丛谈》说：“几，案属，长五尺，高尺二寸，广一尺，两端赤，中央黑。”又说：“古者坐必设几，所以依凭之具。然非尊者不之设，所以示优宠也。其来古矣。”从以上文献所说推断，几、案同属于一类家具，只是用途不同而已。究其起源，无疑源自有虞氏的俎。

2 | 几案的种类

（1）几类

宋代以后，高足家具被普遍应用，人们的生活起居习惯也由原来的席地而坐变为垂足而坐，但几的名称依然存在，形式上也有所变化，几的种类有如下几种。

①宴几。宋代黄长睿编的《燕几图》中几由七件组成，有一定的比例规格。它的特点是多为组合陈设，根据需要，可多可少，可大可小，可长可方，可单设可拼合，运用自如。书中介绍燕几说：“其几大小凡七，长短广狭不齐。设之必方。或二、或三、或四、或五、或六、七，布置皆如法。居士谓视夫宾客多寡，杯盘丰约，以为广狭之则，为二十体，变四十名。又增广七十有六，燕之余，无施不可。斯亦智者之变也。”

②三足凭几。专为依凭的三足凭几到宋元以后已经很少见到了，但在周边各

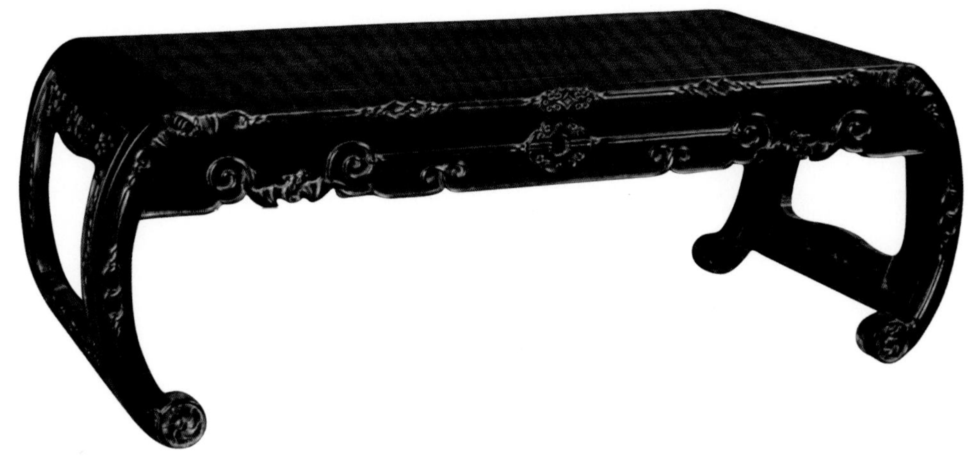

△ **红木炕几　清代**

长94厘米，宽41厘米，高33厘米

此炕几通体为红木质地，几面打槽装板心。两端连接弧形腿，其上浮雕蝙蝠纹，牙板镂雕卷草纹及拱璧纹饰，两腿间作壶口式。

少数民族中还有使用。因为我国少数民族（尤其是北方各族）多以游牧为生，这种三足凭几极适合游牧生活的需要。《金史》卷三十就有使用凭几的记载，“曲几三足，直几二足，各长尺五寸，以丹漆之。帝主前设曲几，后设直几。”这种几一直到清代初期还有保留，现在故宫博物院还收藏着清康熙时期的凭几。

③炕几、炕桌和炕案。炕几、炕桌和炕案在宋代至明清时期一直盛行。与前代不同的是很少在地上使用，而是主要在床榻或炕上使用的矮形家具。制作手法较大型桌案容易发挥，故形式多样。它不仅可以模仿大形桌案的作法，还可以采

△ **红木嵌螺钿炕几　清代**

长75.5厘米，宽37.5厘米，高27.5厘米

此炕几红木质地，四平式结构，几面攒框镶板，牙板镂雕钱币、如意纹，其上嵌螺钿，寓意“富贵吉祥”。

用凳子的作法，如有束腰的弧腿蓬牙、三弯腿，无束腰的一腿三牙、裹腿、裹腿劈料等，有的直接采用桌形直腿和案形云纹牙板的做法。

弧腿蓬牙炕几（也包括炕桌），其四腿在束腰下向外伸出，形成拱肩。然后又向里弯转形成弧形，下端削出内翻马蹄。边牙因不是垂直向下，而是随着腿的拱肩向外张出。弧腿蓬牙由此得名。三弯腿炕几的上部与弧腿蓬牙做法相同，只不过四腿向里弯转后又来了个急转弯向外翻出，这种造型一般都带托泥。

一腿三牙炕几，即一条腿上装有三块各朝一个方向的牙板。这种炕几，一般几面四边用材较宽。四条腿叉脚明显，所以不用束腰。

裹腿和裹腿劈料炕几是模仿竹藤制品的一种手法。裹腿是指横枨与腿的结合部，两边横枨的里侧用榫与腿铆合，外侧做出飘尖，两条横枨对头衔接，把腿柱裹住。劈料是指腿柱而言，即把作腿的材料作出四道圆棱儿，好像腿足是用四根圆棍拼在一起的，俗称劈料儿。

直接采用桌子作法的大多为直腿，有束腰直腿马蹄炕几、束腰直腿罗锅枨加矮老炕几等。

案形炕几直接采用大型桌案的作法，只是把比例缩小，四腿去短即可。与大形案有一点差别就是只有平头，翘头案几乎很少见到。

炕桌与炕几、炕案略有不同，炕桌桌面较大，长和宽的差距较小，是一种近似方形的长方桌。它不仅可以靠衬，也可以放物或用于宴享。总起来说，炕几、炕桌、炕案都是矮腿家具，无论席地还是在床榻和炕上都可以用来凭倚，就这一点而言，它们都是“几”属家具。

④高腿几。

香几，顾名思义是为烧香祈祷用的，但并不绝对，有时也作他用。香几大多成组或成对使用，设在堂中或阶前明显的位置，上置香炉等供器。也有单独使用的，如《洞天清录集》云：“明窗净几，梵香其中，佳客玉立相映。”即是其中一例。《燕闲清赏笺》介绍的更为详细：“书室中香几之制有二，高者二尺八寸，几面或大理石、岐阳石、玛瑙石，或豆辫楠镶心，或四、八角，或方，或梅花，或葵花、慈菰，或圆式，或漆或水磨渚木成造者，用以阁蒲石，或单玩、美石，或置香橼盘或置花尊以插多花，或单置一炉焚香，此高几也。”

蝶几，明代戈仙所做，并著有《蝶几谱》。蝶几又名“奇巧桌”，由十三件大小不等的三角形和梯形几组成，有一定的比例规格。它比宴几新奇的一点在于，它不仅能方、能长，还能作犬牙式陈放，这在园林或厅堂陈设中，可谓别有一番情趣。

花几，其特点大都较一般桌案要高，是为陈设花盆或盆景的，根据使用环境选择不同的高度。一般成对陈设，多放在厅堂四角或正间条案两侧。

茶几，以方或长方居多，高度与扶手椅的扶手相当或稍高，常和椅子组合陈设，单独使用的不多。

小矮几，这里所言的小矮几，是专供陈设古玩用的，须陈放在书案或条案之上。这种几越矮越雅。《燕闲清赏笺》云："书案头所置小几，维矮制佳绝。其式一板为面，长二尺，阔一尺二寸，高三寸余。长嵌金银片子花鸟四簇树石。几面两横设小档两条，用金泥涂之，下用四牙。四足牙口錾金银滚阳线，镶铃持之甚轻。斋中用以陈香炉匙瓶，香合，或放一二卷册，或置雅玩具妙甚。更有五、六寸者，用以坐乌思藏鎏金佛像、佛龛之类。或陈精妙古铜、官、哥绝小炉瓶，焚香、插花，或置三、二寸高天生秀巧山石小盆，以供清玩，甚快心目。"

综上所述，可见几的式样之多，又各有用途。在厅堂殿阁的布置上，同其他家具一样，有着其特定的规范。

（2）案类

案由其形制不同，可分为平头案和翘头案。

平头案一般案面平整，如宽大的画案和窄长的条案等。长度不超过宽度两倍的一般被称为桌，如半桌酒桌之类的小型案桌。画案则不受此规律的约束，只要是案形结构即使与半桌等长，但其宽在70厘米以上者仍称为画案，只是小画案而已。

翘头案面两端装有向上翘起的飞角，其态如羊角直冲，雄健壮美，故称为翘头案。翘头案多窄形，故有条案之谓。翘头案无论尺寸大小，通常都称作案。明代案具多由黄花梨、铁力木、榉木、榆木制作而成。

案的名称常根据不同用途而定，如食案、书案、奏案、毡案、欹案、香案等。

①食案。为进食之具，体形如旧时饭馆上食的方盘。它和盘的区别在于案下都有矮足。颜师古注曰："无足曰盘，有足曰案。"食案大都较小且轻，史书中关于食案的描述很多。《说文》曰："案，几属也。燕太子曰，太子尝与荆轲等案而食。"（《艺文类聚》卷六十九）《史记》曰："汉七年，高祖过赵，赵王张敖自持案进食，礼甚恭。高祖箕踞骂之。"（《艺文类聚》卷六十九）《楚汉春秋》曰："项王使武涉说淮阴侯，信曰，臣事项王，位不过中郎，官不过执戟，乃去项归汉。汉王赐臣玉案之食，玉具之剑。臣背叛之，内愧于心。"（《艺文类聚》卷六十九）《烈士传》曰："魏公子方食，有鸠飞入其案下，公子怪之，此有何急，来归无忌耶。使人于殿下试之，左右顾望，一鹞在屋上而飞。"（《艺文类聚》卷六十九）。《东观汉纪》载："梁鸿适吴，依大家皋伯通庑下，为人赁舂。妻为具食，不敢于鸿前仰视，举案齐眉。"（《艺文类聚》卷六十九）这些例子，足以证明食案轻巧灵便的特点。明代谢在杭在编写的《五杂俎》中早有过评论："汉王赐淮阴侯玉案之食；玉女赐沈义金案玉杯；石季龙以玉案行文书；古诗有'何以报之青玉案'；汉武帝为杂宝案，贵重若此，必非巨物。汉时皇后，五日一朝皇太后，亲奉案上食。"由此可见，古人举案齐眉是极为寻常的事。

②书案。指读书、写字所用的案。这种案不但案面平整，且案足宽大，并做成弧形。它和专用食案不同，食案一般分长方形和圆形两种，前者四足，后者多为三足。食案往往在边沿处做出高于面心的拦水线，且都较矮，便于搬动。书案较食案要高，以便用于读书和写字。

③奏案。奏案较书案还要大一些，是专供帝王和各级官吏升堂处理政务或接受奏章时所用的。如《江表传》记载："曹公平荆州，仍欲伐吴，张昭等皆劝迎曹公，唯周瑜、鲁肃谏拒之，孙权拔刀斫前奏案曰：'诸将复有言迎北军者，与此案同。'"

这类较大的案，有时也派为别的用场。又根据不同的用场，其称呼也不同。读书、写字使用的叫书案；官府大堂使用的叫奏案；上级官吏向下级宣布诏书时又称诏案；有时也用其饮食，《东观汉纪》曰："更始韩夫人，尤嗜酒，每侍饮，见常侍奏事，辄怒曰：'帝方对我，正用此时持事来乎？'起，抵破书案。"（《艺文类聚》卷六十九）这里清楚地点明是把书案当食案使用，这说明此案实际上是一种有多种用途的家具了。

汉代的书案，案面多用纸糊。所以，韩夫人能抵破书案。《格致镜原》引《摭言》曰："举人多以白纸糊案子面。"郑昌图还有"新糊案子白如银"的诗句。

④毡案。是在案面上铺饰毡子，供人坐藉，是把案当床使用。《周礼·掌次》："王大旅上帝，则张毡案。"《通雅》载康成注曰："以毡为床也。"《六书故》也作榻类解释。又说："在今为香案之案，以毡饰之。"《格致镜原》载张皇邸注曰："祭天于圆丘张毡案。以毡为案，于幄中以皇羽覆上邸后板也。染羽像凤皇羽色为之。"

⑤欹案。按现在理解，应为炕几。《通雅·杂用》说："欹案，斜搘之具也。陆云言，曹公物有欹案。"欹案，又称懒架或欹案。《事物纪原补》卷八懒架条："陆法言切韵曰：曹公作欹架，卧视书。今懒架即其制也。则是此器起自魏武帝也。"南朝梁刘孝绰《绍明太子集序》："虽一曰二日，摄览万机，犹临书幌而不休，对欹案而忘怠。"

3 高足桌案

（1）高足桌案的起源

关于桌子的起源问题，目前尚有争论。有的认为桌子最早出现在汉代 ；有的认为在隋唐。在河南省灵宝张湾汉墓中出土一件陶桌，绿釉，上置双耳圆底小罐，二者烧结在一起。桌面方形，四足较高，不同于汉代出土的几案，又别于坐榻，外形和现代方桌基本相同。边长14厘米，通高12厘米。它的出土，在家具界引起强大的反响。

△ **黄花梨炕桌　明代**

长90厘米，宽62厘米，高30厘米

△ **黄花梨圆包圆方桌　明代**

边长92厘米，高85厘米

△ **填彩漆双龙赶珠纹案桌　明代**
长188.6厘米，宽47厘米，高81.6厘米

△ **黄花梨有束腰马蹄腿霸王枨嵌瘿木面小画桌　明晚期**

△ **铁梨木夹头榫小平头案　明晚期**
长98厘米，宽60厘米，高85厘米

高形桌子出现较早，但极其少见，逐渐使用则从唐代开始。从敦煌473窟唐代壁画中可以看到桌子的使用情况。画面描绘的是宴享图，在帷幄中置长桌一张，桌的四面挂桌围，上陈刀、筷、杯、盘等食具。两边列长凳各一条，男女数人分坐两旁。在敦煌85窟中，绘一幅屠师图，画高足俎案，后面是肉架，在肉架的后面放一个稍矮的长方桌。一屠师正在俎案上切肉，案面较厚，四腿也较粗壮，腿间无枨。从屠师与桌案的比例关系看，高度与现代桌案相差无几。

唐代桌案在传世的唐代名画中也有所见，如唐代《宫中仕女图》中的长方桌，四面均用双枨；在《文绘图》中有长方案一张，人物身后有长方桌一张，作成曲齿化牙腿，下安托泥。更值得注意的是此桌使用了束腰作法。这一时期的束

△ **黄花梨方桌　明晚期**
边长95厘米，高82厘米

腰家具似乎已较常见，如唐卢楞伽所绘的《六尊者像》中也有束腰桌案出现。从腿的侧面和里面看，四腿也采用板材角拼合的做法。

五代以后这种做法渐渐减少，以圆材作腿足的家具越来越多。这种情况在《韩熙载夜宴图》中可以看到，图中有长桌，也有方桌。在使用上，有时将三个方桌拼合在一起使用。家具的结构也向科学化发展，从图中桌子的形象看，已经使用了夹头榫的牙板或牙条。腿间添加了横枨，通常为正面一条，侧面两条。

唐五代时期的桌案，虽已进入高足家具行列，但和宋代以后的高形家具相比，还有一定差距。从图中人物和家具的比例关系看，这时桌子的高度略高于椅凳的坐面，最高不超过椅子的扶手。和床榻相比，大致与床面高度齐平。这些情况说明了家具正从低形向高形发展，也说明我国在唐代和五代时期已达到很高的水平。

至宋代时，桌子的工艺制造进一步发展，出现了各种装饰的手法，例如，束腰、马蹄、云头足、莲花托等。在结构上，使用了夹头榫牙板、牙头、矮老、托泥、罗锅枨、霸王枨等。另外，桌子还出现了功能分化，例如，专门用来弹琴的琴桌，读书写字的书桌，下棋的棋桌等。到了元代，又出现了带抽屉的桌子。明代，桌子已发展到非常完美的程度，在基本形式上分为束腰与无束腰两种。

（2）高足桌案的种类

①方桌。单言方桌，特指桌面四边长度相等的桌子。有大小之分，大的称大八仙桌，小的称小八仙桌，“八仙”指可供八人围坐，八仙桌的装饰很考究，常饰以灵芝、绞藤、花草及吉祥的图案。八仙桌是客厅家具，通常被放置在客厅

▷ **红木方桌　清代**
长88厘米

◁ **红木方桌　清代**
长75厘米

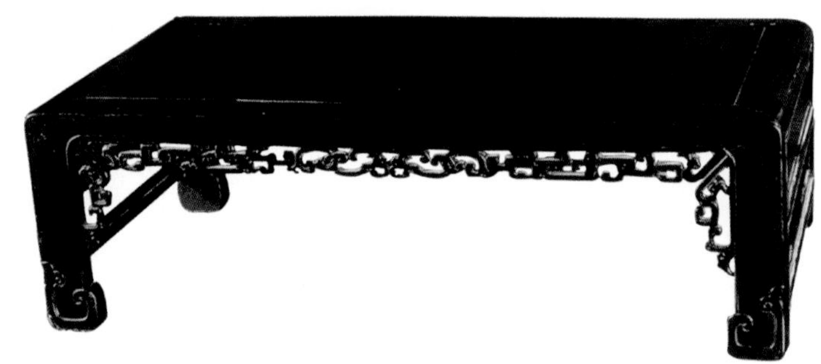

▷ **红木长方桌　清代**
长89厘米

△ **红木方桌　清代**

边长82厘米，高80厘米

的大条案几前，左右放置太师椅，以示庄重。上海地区还有一种略小于八仙桌，又大于小方桌的红木方桌，俗称“麻将台”，桌面四周有高于桌面的框棱，这是安放玻璃台面用的，四面有小抽屉，中有夹层，这种造型主要是为了方便搓麻将而设计的。常见的方桌有：方腿带束腰霸王枨方桌；方腿带束腰罗锅枨加矮老方桌；圆腿无束腰罗锅枨加矮老方桌；一腿三牙方桌。

方腿带束腰霸王枨方桌，为了使桌体表面简练素雅，尽量减少表面构件而采用的一种作法。作法是用一特制的“S”形曲枨，将腿和桌面穿带连接起来，从而起到固定的作用。

方腿带束腰罗锅枨加矮老方桌，外形与普通方桌一样，只不过腿间不用霸王枨，而在四面桌牙下装罗锅枨和矮老，通过桌牙、束腰来支撑桌面。凡带束腰的桌子，四足均削出内翻马蹄，方桌、长桌都是如此。

圆腿无束腰罗锅枨加矮老方桌，这种桌子四腿上端，直接支撑桌面的四角，

△ **红木圆桌　清代**

直径88厘米，高81厘米

四边辅以罗锅枨加矮老。一般通体光素，不加任何装饰。方桌、长桌都有不少这种做法。

一腿三牙方桌，这种桌子形式独特，既不用束腰，又不用矮老，突出特点是侧脚、收分明显，足端也不作任何装饰，且多用圆料。桌面边框较宽，除了横向和纵向桌牙外，还在桌角下按一小形牙板，这三个桌牙都同时装在一条腿上，支撑着桌面，俗称“一腿三牙”。有的在四面长牙板下，另装一高拱罗锅枨，使家具更加坚实、美观。

◁ **红木下卷琴桌　清代**

长128厘米，宽41厘米，高83厘米

▷ **红木琴桌　清代**

长123厘米，宽39厘米，高83厘米

△ **红木嵌瘿木面灵芝纹琴案　清代**

长122厘米，宽39厘米，高83厘米

此琴案案面呈长方形，嵌瘿木面。两端圆卷，四条扁平束腰腿。牙板镂空，饰灵芝纹。该琴案造型典雅，所饰灵芝数量多，雕镂精致。

△ **红木嵌山水瓷板琴桌　清代**

长125厘米，宽47厘米，高83厘米

此琴桌材质为红木，长方形台面，面分三格，左右嵌瘿木，中间粉彩山水瓷板，设色雅丽，意境深远。两头下垂内卷，饰海棠玉兰花。四条双拼式树叶纹腿。牙板镂空，饰相对草龙纹。

△ **红木拱璧纹琴桌　清代**

长116厘米，宽38厘米，高83厘米，

此琴桌红木为材，保存完好，包浆明亮。长方形台面，四条夔纹腿。根部用镂空、高浮雕技法装饰夔龙纹和拱璧纹。璧呈四方委角形，比较别致。

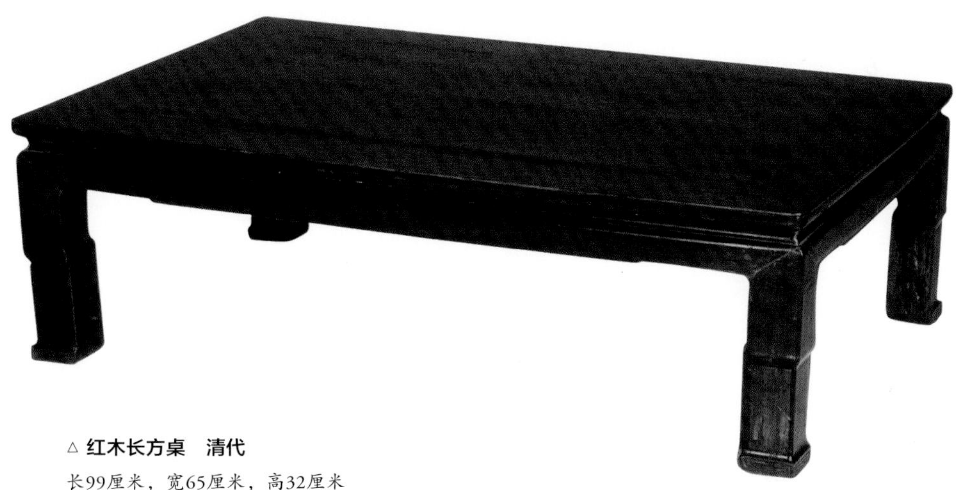

△ **红木长方桌　清代**

长99厘米，宽65厘米，高32厘米

②长方桌。长方形在人们头脑中的概念是无论多长、多宽，只要四角各为九十度，就是长方形。但长方桌却专指接近正方形的长方桌，它的长不超过宽的两倍，否则那就应称为长条桌（或“长桌、条桌”）。

③琴桌。专用的琴桌早在宋代就已出现，如宋徽宗赵佶所绘的《听琴图》中的琴桌，宋人赵希鹄所编写的《洞天清录集》中关于琴桌的记载：“琴桌须作维摩

样，庶案脚不碍人膝。连面高二尺八寸，可入膝于案下，而身向前。宜石面为第一，次用坚木厚为面，再三加灰漆，亦令厚，四脚令壮。更平不假拈极，则与石面无异。永洲石案面固佳，然太薄，必须厚一寸半许，乃佳。若用木面，须二寸以上，若得大柏、大枣木，不用鳔合，以漆合之，尤妙。”一般琴桌，面阔可容四琴，长过琴的三分之一。琴有大小，桌亦有大小。使用时，先以桌就琴，以音色美者为好。

明代琴桌大体沿用古制，讲究以石为面，如玛瑙石、南阳石、永石等，也有采用厚面木桌的。除这些以外，更有新奇之作，如以空心砖代替桌面，音色效果更佳。还有填漆戗金的，以薄板为面，下装桌里，与桌面隔出3~4厘米的空隙，四围用板堵严。桌里正中镂出钱纹两个，使用时，桌里的回声能与琴声产生共鸣，起到音箱的作用。桌身遍体雕刻龙纹填金的图案。

④棋桌。是专用弈棋而做的一种桌子，多为方形。这种桌子一般为双层套面，个别还有三层面者。套面之下，正中做一方形屉，里面存放各种棋具、纸牌等。方屉上有活动盖，两面各画围棋、象棋两种棋盘。棋桌相对的两边靠左侧桌

△ **黄花梨高束腰可拆卸棋桌　清早期**

边长91厘米，高85厘米

△ **红木雕龙圆桌　清代**

△ **红木雕龙圆桌、凳（六件）　清代**

桌：直径78厘米，高84厘米；凳：直径34厘米，高50厘米

边，各作出一个直径10厘米，深10厘米的圆洞，是放围棋子用的，上有小盖。如果不弈棋时，可将上层套面套上，或打牌，或作别的游戏。平时也可用为书桌。说它是棋桌，是指它具备弈棋的器具和功能，实际上是一种包括弈棋、打牌在内的多用途的家具。

⑤圆桌。是桌类家具中的精品，现在流传下来的多为清代之物，它是红木家具中的一大特色。不论苏作还是广作，都曾生产过大量的圆桌。桌面大小各异，

△ **红木龙寿纹长条案　清代**

长245厘米，宽48厘米，高107厘米

此长条案红木制作，品相完好，包浆润泽，长条形台面，四方回纹腿，腿间亚字形开光，四边饰镂空牙板，内容为龙奉寿桃。

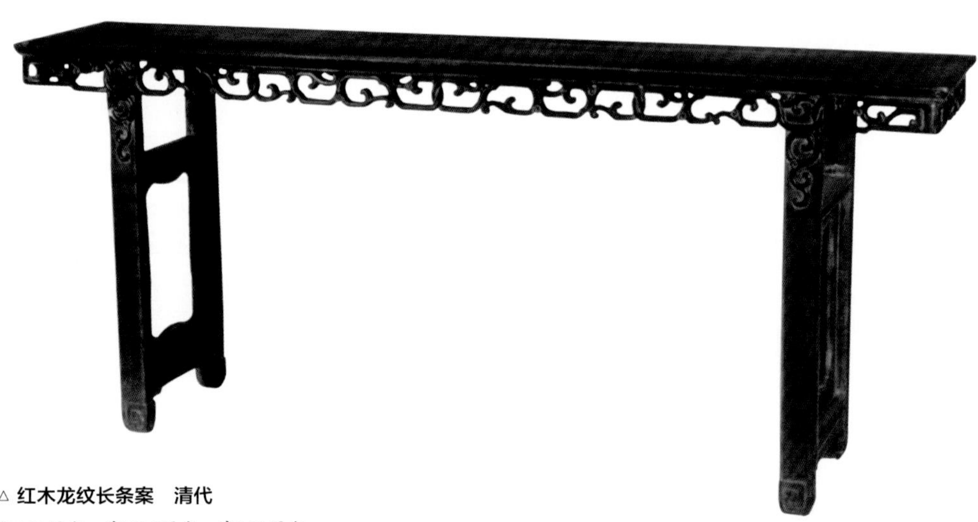

△ **红木龙纹长条案　清代**

长252厘米，宽49.5厘米，高101厘米

此长条案红木制作，包浆古雅，长条形台面，四方回纹腿，腿间亚字形开光，四边饰镂空牙板，雕刻龙纹。

△ **红木龙寿纹长条案　清代**

长245厘米，宽48厘米，高107厘米

此长条案红木制作，品相完好，包浆润泽，长条形台面，四方回纹腿，腿间亚字形开光，四边饰镂空牙板，内容为龙奉寿桃。

从80厘米（直径）到150厘米以上，腿足从独脚、三足、四足、五足，到六足。圆桌用材大都为红木、花梨甚至紫檀。因为圆桌有很大的装饰性，是传统家具中的摆设品，在造型上圆润而灵巧，雕饰繁缛精丽，有着较为典型的清式家具风格，其中不少是古典家具中的精华。

半圆桌也称“月牙桌”，通常靠墙安置陈设。两张半圆桌又可以合成一张整圆桌，是清代红木家具常见的品种。

⑥长条案。条案的作法多为夹头榫结构，两侧足下一般装有托泥。个别地区也有不用托泥的，但两腿间都镶一块雕花挡板。案面有平头和翘头两种，翘头案是在案面两头做向上翘起的卷沿，有的翘头还与案面抹头用一块木料做成。

另外，在桌类家具中还有一些特殊的品种，如供桌，要比八仙桌宽半倍以上，是指陈设在厅堂天然几前的长方形桌子，为了与天然几相配，通常形态粗壮，用料也粗大，有红木的，也有榉木的。因为是客厅间的主家具，所以制作很精良。现在常见的供桌，大多为清中期至民国年间的制品。

二 床榻类家具

1 | 茵席

（1）茵席的起源

茵席是指供坐卧铺垫的用具，它在古人的日常生活中占有极为重要的地位。茵席不仅是人类生活起居的必需品，同时也是礼仪的象征。到了汉代，虽然床榻出现了，但茵席的使用依然广泛，因为它具有可舒可卷、随设随用、轻巧灵便等特点。它既可以与床榻、椅凳等配套使用，也可单独使用，所以深得人们的喜爱，一直流传至今。

席的产生很早，“神农作席荐”（《壹是纪始》卷十一）是“席”最早的史书记载，还有“黄帝诏使百辟，群臣受德教，先列珪玉于兰席上”（《壹是纪始》卷十一）。“王母为帝设华容净光之席”（《壹是纪始》卷十一）都提到席的使用。到了大禹时代，开始在席的边缘，装饰花纹或用丝麻织物包边，同时开始使用茵席，这里指的是在车中所坐的虎皮褥子。《壹是纪始》卷十一记载：“至禹作席，颇缘此弥侈矣，而国不服者三十三。复作茵席雕文，弥侈矣，国之不服者五十三。”可见，这时茵席的使用还很不普遍。商代甲骨文“宿”字的写法，形象似人卧于席上。《太公六韬》上说：“桀纣之时，妇女坐以文绮之席，衣以绫纨之衣。”可知当时已有很讲究的茵席了。周朝时，周天子手下设有专门的史官，掌管铺陈之事，名曰“司几筵”。因此可以断定，茵席的广泛使用并与繁琐的礼节联系在一起，始自西周时期。

席，一般呈长方形或正方形，长短大小不一，长的可坐五六人，短的仅坐一二人。方的称为“独坐”，多为长者或尊者而设。四川省成都东汉墓出土的宴饮画像砖，上刻二人或三人同坐一席，席前摆设食案，这是当时人们生活情景的真实描绘。后来人们把招待客人饮食称为设筵，把酒肴称为筵席，都源起于此。确切说来，筵席是古代宴饮时坐藉的一种礼仪形式，《周礼·春官·司几筵》注说：“筵，亦席也，铺陈曰筵，藉之曰席。”筵和席经常同时使用，为了有所区别，便把铺在下面的大席称为筵。使用时，先在地上铺筵，再根据需要在筵上另设小席，人即坐在小席之上。筵席上面的几案，也由司几筵根据需要负责陈设。

古代坐席时有很严格的规矩，如果坐席的人数较多，其中长者或尊者须另设一席单坐。即使与其他人同坐一席，长者和尊者也必须坐在首端，并且同席的人还要尊卑相当，不得悬殊过大，否则长者和尊者就认为是对自己的污辱。古代时常发生因坐席不当，尊者、长者自以为受辱，于是拔剑割席分而坐之的事情，《史记》："任安与田仁，俱为卫将军舍人，居门下。卫将军从此二人过平阳公主家，令两人与骑奴同席而食，此二人拔刀裂断席，别坐。主家皆怪而恶之，莫敢问也。"

古人坐席的方向也有一定的讲究，堂上布席，多以室内户牖之间朝南的方向为尊，所以古书上常说"南面"。室内的坐位则以朝东的方向为尊，《史记·项羽本纪》说："项王、项伯东向坐。"

茵席的使用在汉、唐时期最为普遍。唐代时，人们用它来招待客人。唐代以后，高足家具逐渐普及，茵席在一定程度上成为床榻、椅凳的附属物。但它依然以其独特的风格和特点存在着，发展着，始终与其他家具一起，伴随着人们的起居生活。

（2）茵席的种类

①编织席。这类席大体可分为凉席和暖席两大类。具体说来，每一类中又有质地不同的品种，因而名称不同，其特点也不相同。凉席类大多以竹、藤、苇、草编成，个别的用丝麻加工而成。暖席则多以棉、毛、兽皮做成。周代有专掌五席的官吏，五席分别为"莞席、藻席、次席、蒲席、熊席"（《事物纪原补》卷八）。席的边缘有镶嵌、彩画或以丝织物包边。

莞席是铺在下面垫地的"筵"，《诗·小雅·斯干》曰："下莞上簟，乃安斯寝。"莞是使用一种还未长大的蒲草所编的席，也称小蒲（《诗经直解》卷十八）。簟是指用竹藤编的席，一般都较细密，下莞上簟，是把粗席铺在下面，精细而花纹美丽的席铺在上面，段玉裁《说文解字注》谓："莞之言管也，凡茎中空者言管。盖即今之席子草，细茎圆而中空。《广雅》谓之葱蒲。"

藻，即纹彩、修饰之意。不论哪一种质料，凡经过纹彩修饰后，花纹精美、色彩艳丽的席子即称藻席。它是铺在莞席上供人坐用的。

次席，是竹席的一种。《周礼·春官·司几筵》："加次席黼纯。"注曰："次席，桃枝席，有次列成文。"桃枝本是竹的一种，《文选》张衡东京赋："冠通天，佩玉玺，纡皇组，要干将，负斧扆，次席纷纯，南面以听矣。"注曰："次席，竹席也。"

蒲，即菖蒲、香蒲，叶供编织，可以作席。用这种草编成的席叫蒲席，较温柔，不像竹席那样冰凉透骨。多在筵上铺设，也有编织较糙的，铺在下层作筵。《周礼·祭礼》："席有蒲筵"，说明蒲席有多种用途。

熊席，即熊皮坐席。《周礼·春官·司几筵》曰："甸役，则设熊席。"《吕氏春秋》记载："卫灵公曰：天寒乎？宛春曰：公衣狐裘，坐熊席，陬隅有灶，是以不寒。”《西京杂记》曰：“绿熊席，毛长二尺余，人眠而拥毛自蔽，望之者不能见，坐则没膝其中。”除熊皮外，还有虎、豹、狼皮等所做之席，也属于这一类，即冬月使用的暖席。

大体说来，除垫在下层的筵席外，其他四种席分别于春、夏、秋、冬四季使用。次席、蒲席、熊席的凉、温、暖的特点尤为明显。

《尚书·顾命》曰“敷重丰席，敷重笋席”，这里提到了丰席、笋席。郑玄注云：“丰席，刮冻竹席。丰，言茂美也。刮冻竹席，即刮摩精制之竹席也。”可见丰席选料并非一种，凡经过特殊加工达到美观效果的皆可称为丰席。笋席也称篾席，以篾青所编。笋，即竹萌，竹初萌生谓之笋，是取竹之皮以为席也。郑玄注曰：“笋，析竹青皮也，今俗谓蔑青者也。”皮日休诗曰：“石枕冷人脑，笋席塞侵肌。”

席簟的名称还很多，如湖南的湘簟，韦应物诗曰：“湘簟玲珑透象床。”蕲州薤叶簟，白居易诗曰：“簟冷秋生薤叶中。”冰簟，用以形容竹簟的清凉，温庭筠诗曰：“冰簟银床梦不成。”双文簟，晋《东宫旧事》曰：“太子纳妃有赤花双文簟。”龙须席，晋《东宫旧事》：“太子有独坐龙须席，赤皮花经席一领。”杨维祯《王母醉归图》诗：“归来笑拂龙须席，汗湿绞绡睡无力。”晋·崔豹《古今注》说：“龙须草一名缙云草，今有虎须草。江东亦织以为席，号曰“西王母席”。《鸡林志》：“高丽人多织席，有龙须席、藤席。今舶人贩至者，皆席草织之，狭而密紧，上亦有小团花。”（《说郛》卷六）

蒲团，以蒲草编织而成，多作圆形，较厚，为僧人坐禅和跪拜时使用，唐人有“寻云策藤杖，向日倚蒲团”“吴僧诵经罢，败衲倚蒲团”等诗句。

②纺织席。主要有“毡、毯、茵、褥”几种，其中茵和褥还有以兽皮制成的。

毡是一种以兽毛和麻混织而成的坐卧具。我国以丝麻为原料制作的坐具历史也很早，传说黄帝作“旃”（古代的毡字）（《壹是纪始》卷十一）。“周官掌皮供毳毛为毡”（《事物纪原补》卷八），则知周朝时已有专为天子制作毡的工匠和官吏。

毯，《物原》说：“尧作毯。”（《壹是纪始》卷十一）毯用兽毛或丝麻制成，它与毡的区别在于比毡细密且薄，人们常曰“毛毯”。我国古代西北少数民族使用极其普遍。西域方言名曰“毾”，即毛席也。《后汉书·西域传》曰：“天竺国有细布好毾。”张籍诗曰：“小小新斋阁，温温茸毾。”《太平御览》载班固与弟书曰：“月支毾，大小相杂，但细好而已。”

毛毯在西藏地区称为氆氇，传至内地，汉人也逐渐称为氆氇。氆氇以眷毛织成。《西藏记》曰：“纺毛线，织氆氇。”《正字通》曰：“毾，毛席。中天竺有毾，今曰氆氇。秦蜀之边有之，似褐，五色方锦。”由此可知毾和氆氇是同一物品。

2 | 床榻的起源

床榻作为一种卧具，是各种家具中历史最为悠久的一类家具。

传说神农氏发明床，少昊始作箦床，吕望作榻（《广博物志》卷三十九）。史书中关于床的记载也很多，比如《战国策·齐策》曰："孟尝君出行国，至楚，献象牙床。"《西京杂记》曰："武帝为七宝床，设于桂宫。"还有《周礼》《尔雅》《春秋左传》《商子》《列仙传》《汉武帝内传》《燕书》等书，都有对床的描述。

有关床的实物，当以河南省信阳长台关出土的战国彩漆木床为代表。它是目前所见最早的实物，该床长218厘米，宽139厘米，六足，足高19厘米，床面为活铺屉板，四面有围栏，前后各留一缺口以便上下。床身通体髹漆彩绘，花纹、工艺精湛，装饰华丽，可见在战国时床就已经非常完美了。

汉代刘熙编写的《释名·床篇》曰："床，装也，所以自装载也"，又曰："人所坐卧曰床"。故《说文》曰："床，身之安也。"《诗·小雅·斯干》曰："载寝之床。"《商君书》曰："人君处匡床之上，而天下治。"从上述古文中可以看出，这时的"床"包含两个含义，既是卧具，又是坐具。"载寝之床"说的是卧具，"人君处匡床之上，而天下治"则说的是坐具。可卧的床当然也可用于坐，而专为座的床大都较小，不能用于卧。匡床，就是指仅供一人坐用的方形小床，即"独坐床"。古文献中对匡床的记载也很多，如庄子编写的《齐物论》曰："与王同匡床，食刍豢。"《淮南子·诠言》曰："必有犹者，匡席衽席，弗能安也"等。可见匡席作为一种专门的坐具，在春秋战国时期就已经普遍使用了。

到了汉代，"床"这个名称使用范围更广。不仅卧具、坐具称床，有人也把自己所骑的马也称为床，名曰"肉胡床"。

西汉后期出现了"榻"这个名称，它是专指坐具的。古文《释名》曰："长狭而卑者曰榻""榻，言其体，榻然近地也。小者曰独坐，主人无二，独所坐也"。《通俗文》曰："三尺五曰榻，独坐曰枰，八尺曰床。"榻是床的一种，除了比一般的卧具床矮小外，别无大的差别，所以人们习惯上总是床榻并称。考古发掘提供了不少关于榻的形象资料，如河北省望都县汉墓壁画上主记史和主簿所坐的榻，辽阳棒台子汉魏墓壁画上的独坐小榻，徐州矛村汉墓画像上的坐榻，大同北魏司马金龙墓出土的木板漆画上鲁师春姜所坐的小榻等。出土的实物也不乏其例，如河北省望都二号汉墓出土的石榻，南京大学北园晋墓出土的小榻，南京象山七号晋墓出土的陶榻方等。

这些榻有正方和长方形两种，按形象和尺寸分析，它们都是仅供一人使用的独坐榻。实际上它和汉代以前的独坐床是同一器物。汉代以后，"床"一般专指睡觉用的卧具，而"榻"专指供休息和待客所用的坐具了。

我国古代榻与床的功能既相同又不相同，在席地而坐的汉代，床榻低矮使用相当普遍，但床体较大可坐可卧 ，榻体相对较小。在魏晋南北朝时高型家具开始出现，垂足而坐的风俗已经问世，席地而坐的传统受到强烈冲击，此时床榻的高度明显增加，榻体也渐渐增大。从顾恺之绘画的《洛神赋图卷》中的坐榻可知，榻体已增大，与床同样可坐可卧，难以截然区分。但是从习惯上可以这么认为，床不仅长，而且宽大，主要置于卧室作睡眠之用。榻虽然长但与床比要窄一些，可坐可卧，实用功能强很受人们欢迎。

3 | 床榻的种类

（1）床类

床是家具中的大件，最能反映传统礼仪、民俗风情、文化氛围。床类有罗汉席、架子床、拔步床、片子床等。

①罗汉床。北方称为罗汉床，南方则称罗汉榻，它是一种三面装有围栏，但不带床架的榻。围栏屏有三屏五屏、七屏之分，屏背中间最高，次则渐级阶梯而下。围栏做法有繁有简，最简洁的用三块整板作围栏，后屏背较高，或以小木做榫攒接成几何形灵格式图案。罗汉床形制大小不一，形制较小的一般称榻，故有弥勒榻之称。

罗汉床的主要功能应以待客为主。造型多简洁素雅，坚固耐用，传世作品完整少缺。清代乾隆时期开始所做家具用材宽硕厚重，雕镂精致不惜工本，镶嵌多玉石、瓷片、大理石、螺钿等，亦有金漆彩绘，用料多为紫檀。清中后期红木制作大量出现。清代罗汉床围栏也出现大面积雕饰，其图纹题材非常广泛，有各种人物故事、山水景色、树石花鸟及龙凤戏珠等不少喜庆吉祥的传统图案。有些罗汉床虽然非常豪华精致，但雕饰繁缛太过，看了让人累眼，不是很舒心。并且使用上也不如明式实在，与明式罗汉床简洁明了的素雅风格不可同日而语。

②架子床。是中国古代床中最主要的形式，它是从拔步床发展过来的，通常的做法是在床的四角安立柱子，搭建架子，形状宛如一个小巧玲珑的屋子。架子床的床架装潢得非常考究，顶盖四周围装楣板和倒挂牙，前面开门围子，有圆洞形、方形及花边形。棂子板的图案有的是用小木块镶成的几何图形，有的是中国传统吉祥图饰，例如狮子滚绣球、福禄寿等。床面上的两侧和后面装有围栏，它们都被雕刻得精美绝伦。后期的架子床还有床屉，专门用来盛放席子等物。床面有棕、藤和木板等，因地而异。架子床虽然是从拔步床演变过来的，但其形制还吸收了西洋家具框架结构的合理成分。后来，架子床的制造进一步简化，成为只有几根栏杆的架子床，留下的架子，主要是为了张挂蚊帐，装饰功能退居其后。架子床至今在农村还有市场。

△ **紫檀香蕉腿罗汉床　明代**

△ **罗汉床　清代**

例如，清代的四柱门罩架子床，此床与传统架子床的区别是安装一对座柜，前后安置抽屉，方便实用。这说明清代家具不仅桌子大多装抽屉，在各类家具上，抽屉应用也非常广泛。床四角的立柱柱头、柜体、床足所雕刻花纹明显受外来文化的影响，但玲珑剔透的床门罩和飞檐等，无论从形式上，还是从造物的意蕴上，都依旧承接着明清以来一贯的文化传统。麒麟送子、子孙（葫芦）万代、连绵（绞藤）百吉、节节（竹节）高升等寓意吉祥的图案，都被巧妙合理地装饰在这张精丽无比的红木大床上，从中不难感受到晚清时期的民俗风情。

△ **黄花梨簇云纹马蹄腿六柱式架子床　明代**

长222厘米，宽252厘米，高156厘米

此架子床正、背两面的雕饰完全相同，都是精打细磨，每个角度都是看面，俗称“四面看”，这种做工的家具应陈设在宽大的厅堂偏靠中间的位置。此架子床的挂沿透雕螭龙夔凤和吉祥花鸟图案，龙凤图案同时出现在架子床的挂沿上。

△ **黄花梨架子床　明代**

长218厘米，宽141厘米，高234厘米

△ **黄花梨无束腰八足攒棂格围子六柱式架子床　明中晚期**

长202厘米，宽120厘米，高207厘米

△ **黄花梨带门围子雕龙架子床　明代**

长216.5厘米，宽146.5厘米，高229厘米

此架子床由床围、立柱、倒挂龙纹牙子等多件组成，各结合部位均用活榫衔接，便于分解组合，设计精巧，雕工精细，十分珍贵。

△ **铁梨木有束腰马蹄腿三屏风式宝座　清中期**

长100厘米，宽68厘米，高88厘米

△ **红木有束腰顶牙罗锅枨回纹马蹄腿方桌　清中期**

边长94厘米，高88.5厘米

③拔步床。是一种传统的大型床，它被安置于一个类似建筑物的庞然大物中。在床与前围栏之间形成了一个不小的廊子，廊子的两头可放置箱柜之类的小家具，廊下有踏板。拔步床的围栏有门有窗格，平顶板挑出，下饰吉祥雕刻物，就像古代建筑一样。拔步床在工艺装潢上一般都采用木质髹漆彩绘，常常被装点得金碧辉煌。整个床就像个小屋子似的，这是南方人的崇尚，因南方潮湿而多蝇蚊。这种拔步床在中国的历史上沿袭很久，直至今天，在江浙一带的乡村里，还在使用。

④片子床。是民国以后流行起来的一种红木卧床，它的结构更为简化，两个片架，中间用床挺相连，使用方便，搬迁省力，造价也低。这种床的出现，完全是城市化的结果，因为人们日常居住空间变小，社会生活节奏加快，搬移性

增大，所以那种传统的庞然大床再也不能适应新的需要。片子床人们又称“眠床”，这种以床为代表的家具改革，是在民国初期的时候，同时它也带来了其他家具的变化，从而编织起民国家具的模式。

（2）榻类

榻类主要有罗汉榻与贵妃榻，更多是清代以后的产品。

①罗汉榻。当榻从床中分离出来的时候，榻就成为一种坐具，罗汉榻就是它的代表。罗汉榻的历史很悠久，又叫弥勒榻。罗汉也好，弥勒也罢，之所以用这样的冠名，很可能是形容这种榻的形大体胖。《长物志》曾这样描绘：“高尺许，长四尺，可供坐卧，三面靠背，后背与两旁相等。”罗汉榻常常放置于厅堂间，专用来休息与待客，就像我们今天的大沙发一样。榻上正中常置一榻几，两边铺设座褥、隐枕，榻几上可放置杯盘茶具，也可作依托。使用时，宾主各坐一侧，坐卧舒适，谈话方便，是典型的中国传统生活。

罗汉榻的实物很多，例如“雕云龙纹大榻”。云龙纹大榻体态方正，形象庄严，与前几例比较，格调显然不同。其面框周边、束腰、榻围屏风框档皆平直，不混不曲，与屏板、腿足、牙板细密繁绮的浮雕形成鲜明对比，其间以隐起的细线进行过渡，充分显示出制造者匠心独运的设计构思和卓越的工艺水平。造型上，榻围由前向后层层升起，搭脑作方钩变形云纹。底边中间将横档抬起一料，形成亮脚，加强了形体的空间感。在雕刻上，题材的选择，纹样的组织，刀法的运用，都富有深刻的内涵。该榻是一件具有较高研究价值的清式红木大榻。

②贵妃榻。罗汉榻是一种大型的家具，也可以说是中国古代社会男人的专用榻。那么女人用的是什么榻？一般来讲是“贵妃榻”。这种榻与罗汉榻相比，更小，更玲珑，其形态更接近现代的三人沙发。它常常被置于有钱人家的闺房内，江南一带也有称“小姐榻”。贵妃榻在制作上很讲究，它将后面的围栏突出，雕刻得相当精美，中间常镶以秀丽的云石，两旁的围栏演变成扶手型，有的还制成书卷型，为的是让女性午间作小卧用。这种贵妃榻，以广作为多，大多为红木或花梨木所制，制作年份大多在清末至民国间。由于贵妃榻占地面积不大，雕刻精美，又具有实用价值，所以也是红木家具中很受欢迎的一个品种。

贵妃榻的实物也很多，例如“镶云石五屏小榻”。此榻后围屏风三扇，两侧各一扇，均镶纹理、色泽明丽的云南大理石，两侧屏框的底边前伸，转折后雕云头灵芝一朵。榻四腿柱方直，但两端做弯，以便上端与牙条连接后彭出，下端挖成马蹄，这与大料整挖鼓腿或直脚马蹄的做法不同，榻面框边大倒棱盘阳线，束腰起双洼，叠刹起阳线，牙板螳螂肚盘阳线，线脚的运用都集中在榻身。屏框均作泥面。该榻尺寸较小，不能用于躺卧，大多安置在女主人或小姐房内使用，料工都较考究。

△ **黄花梨圈椅（一对）　明代**
长61厘米，宽43.2厘米，高92.7厘米

又如“钩云纹瓷板景坐榻”。榻围作兜接钩云纹，后围正中嵌长方框景，瓷板嵌在设虚镶的框档中央。上部还安有变形大云头搭脑，中间嵌接镂空拐子双龙戏宝珠。腿料曲度虽不大，但足端马蹄兜转有力。螳螂肚牙板浮雕拐子双龙戏珠纹，与搭脑装饰题材一致。此榻由于腿、牙均起平地双阳线，且至足底四周兜通，比通常做法更为精致，束腰又平地起堆肚，叠刹起碗口线，故整体形象处在清晰明快的线形之中，给人以特殊的感受。该榻虽用材较细，但均衡匀称，挺拔精神，有劲秀妍丽的美感。

△ **黄花梨南官帽椅　明代**

长59厘米，宽47.5厘米，高102.5厘米

△ **黄花梨六方形南官帽椅（一对）　明晚期**
座面长73厘米，宽54厘米，座高49厘米，通高91厘米

三 椅凳类家具

1 | 椅凳的起源

我国古代很早就有“椅”和“倚”字，但都不是指供人坐用的椅子。“椅”字本是一种树木的名称，又称“山桐子”“水冬瓜”，木材可作家具。《诗·鄘风·定之方中》曰：“树之榛栗，椅桐紫漆。”《文选·高唐赋》曰：“双椅垂房，纠枝还会。”就是描写这种树的。

“倚”字是斜靠着的意思。《庄子·德充符》曰“倚树而吟”。唐李白写的《扶风豪士歌》曰：“作人不倚将军势。”后来人们把带围栏可依凭的坐具称为椅子，应源起于此。

明代罗颀编写的《物原》曰：“召公作椅，汉武帝始效北番作交椅。”按这一说法，椅子的出现应始自西周初期。宋朝高承编写的《事物纪原》引用《风俗通》曰：“汉灵帝好胡服，景师作胡床，此盖其始也，今交椅是也。”《后汉书·五行》曰：“灵帝好胡服、胡帐、胡床、胡坐、胡板……京都贵戚皆竞为之。”从这两段记载证明，我国古代椅子的出现当在汉灵帝时期，它的前身即汉代北方传入的胡床。北方少数民族的胡床传入中原，给中原人们的生活起居习惯带来很大变化。椅凳发展到南北朝时期更为常见，这一时期是我国前所未有的民族大融合阶段。在乡村地区，席地坐卧的起居习惯还继续流行，但在封建统治阶级居住的城市里，则开始由席地坐向垂足而坐转变，逐步打破了原来的传统习惯。这种情况，我们从当时的石窟寺壁画和彩塑造像中可以得到

△ **紫檀雕福寿纹宝座　明代**

长100厘米，宽65厘米，高103.5厘米

此宝座紫檀木制成，面下高束腰，浮雕竖格纹。鼓腿彭牙，如意纹曲边，浮雕缠枝莲纹。内翻马蹄，带托泥。面上五屏式围子，浮雕蝙蝠纹、寿桃及各式花鸟纹。

△ **黄花梨宝座　明末清初**
长105厘米，宽73厘米，高168厘米

印证，如敦煌257窟壁画中有坐方凳和交叉腿长凳的妇女。此外，还有坐细腰圆凳的，如龙门莲花洞中有坐圆凳的妇女。这些材料，生动地描绘了南北朝时期椅、凳在仕宦贵族家中的使用情况。到南北朝时，又出现了四条直腿的扶手椅。但这时并没有椅子的名称，尽管已经具备了椅子的形态和功能，但人们还习惯称它为胡床。唐代以后，这种椅子逐渐增多，才从床的名称中分离出来，而直呼其为椅子。

椅子的名称最早出现在唐代《济渎庙北海坛祭器杂物铭》碑阴上："绳床十，注：内四椅子。"从这段记载可知，在唐代贞元年间已有了椅子的名称。这里所说的绳床十，内四椅子。分析可知，其中有带靠背和不带靠背

△ **黑漆圆靠背交椅　明代**

宽67厘米，深50厘米，高120厘米

△ **紫檀龙纹交椅　清代**

△ **海南黄花梨雕麒麟交椅　清代**

宽71厘米，深66厘米，高111厘米

的。带靠背的称为椅子，不带靠背的则仍称为床。这时尽管有了椅子的名称，但不普遍，把椅子称床的还很多。

唐代著名大诗人杜甫在《少年行·七绝》中写道："马上谁家白面郎，临阶下马坐人床，不通姓名粗豪甚，指点银瓶索酒尝。"这首诗描写一个贵族子弟骑着马走在街上，随意走进素不相识的人家，坐在人家客厅的椅凳上，强索人家的酒喝。这里所说的床，虽反映不出是否带靠

▷ **黄花梨方材官帽椅　清代**

宽55厘米，深49厘米，高99厘米

此椅用方材（宽度不足厚度3倍的矩形木材）制作，搭脑镂空，锼云纹坠角。靠背板向后仰，浮雕螭龙纹，下端开亮脚。扶手下凹，与鹅脖用烟袋锅榫卯相连。软藤屉座面，直边抹。椅腿间装拐子纹罗锅枨和直枨，穿竹钉。

△ **紫檀竹节南官帽椅及几（三件）　清代**

椅：宽62厘米，深49厘米，高100厘米

几：宽46厘米，深35厘米，高75厘米

此对南官帽椅为紫檀木质，造型特点是全部构件均雕竹节纹，意在模仿南方常见的竹藤家具，靠背板分三段镶装竹节纹券口，拐子式雕饰竹节扶手，座面下装雕竹节罗锅枨一根，紧贴座面安设，圆腿直足，四足间安雕竹节枨子，与两椅相配的小几也雕竹节纹，几面攒框装板、面下安竹节纹罗锅枨，圆腿直足。

△ **红木官帽椅、几（三件）　清代**

椅：宽55厘米，深45厘米，高104厘米；几：宽43厘米，深32厘米，高72厘米

背的椅子，但可以肯定绝不会是供睡觉用的卧具床。

在大诗人李白写的《吴王舞人半醉》中，则明确地把可倚靠的椅子称为床，写道："风动荷花水殿香，姑苏台上宴吴王。西施醉舞娇无力，笑倚东窗白玉床。"这里的"笑倚东窗白玉床"语句，意思是说西施酒后带着醉意跳了几回舞后，娇柔无力地微笑着倚坐在东窗下镶嵌着白色玉石的椅子上。其中提到了嵌玉石的椅子，能够确切地证实豪华镶嵌的椅子已成了贵族富室的用器。

2 | 椅凳的种类

（1）椅类

椅类有宝座、交椅、灯挂椅、官帽椅、圈椅、靠背椅、玫瑰椅、太师椅等。

①宝座。又称坐椅，也称床式椅，它的特点是特别大，就像今天的双人椅，

△ **黄花梨雕龙纹玫瑰椅（一对）　明代**

宽55.5厘米，深42厘米，高82厘米

此件玫瑰椅以黄花梨为材，椅背低于其他各式椅子，背板上以镂雕龙纹为饰，背板及扶手均饰横枨，枨下设有灵芝形矮老，此为玫瑰椅的基本形式之一。座下设海棠形券口，接圆柱形四腿，架步步高式管脚枨，牙板上雕龙纹，造型简洁大方，清丽雅致。

△ **紫檀玫瑰椅（一对）　清代**

宽58厘米，深46厘米，高83厘米

这是中国古典家具中最庄重的坐具。明代《遵生八笺》曰："默坐凝神，运用需要坐椅，宽舒可以盘足后靠，使筋骨舒畅，气血流行。"说的就是这种椅子。《长物志》曰："椅之制最多，曾见元螺钿椅，大可容二人，其制最古，乌木嵌大理石者，最称贵重。然宜须照古式为之。总之，宜阔不宜狭。"也是指的这种椅子。原先的宝座专供皇帝使用，为了体现统治者至上尊贵，常以装饰豪华著称，在制作工艺上多以木质鬃

▷ **黄花梨圈椅　明代**

宽64厘米，深61厘米，高98.5厘米

此圈椅选用海南黄花梨料，框架为圆材，椅圈五接，顺势而下成扶手，背板后弯，上浮雕拐子龙纹，鹅脖弧线均衡优美。座面攒框席心，面下洼膛肚牙子嵌入腿足，直腿，下有管脚枨。

△ **黄花梨黑漆圈椅　明晚期**

宽60厘米，深47厘米，高101厘米

王世襄先生曾说：“离我二三十米，我就知道是黄花梨还是紫檀，大致不会错，因为从它的造型，它的做法就能看出它是什么木材。”此椅当为一例，典型明代做工。此椅黄花梨木制成，外髹黑漆，简洁中透露着威严。明代黄花梨家具极具傲人气质，由内至外，由里到表，不管后人涂绘何种外漆，均不能掩盖这份刚柔相济之文人风度。

在清代有在浅色家具表面刷漆或染色的习惯，这是为了迎合清代时期使用者的审美风格，此椅就为一例。

△ **花梨圈椅（一对）　清代**
宽60厘米，深46厘米，高92厘米

以金漆，所以今天在北京故宫里有不少宝座流传下来。后来，宝座走进了大臣及豪绅的府邸，出现了硬木制品，通常所见的三屏式、五屏式与圈椅式，饰以龙凤纹样，充分显示出庄严与高贵。这种椅子大都单独陈设，很少配对使用，前置踏脚，后面摆置落地大屏风，以示庄重。椅上还要放置坐褥与靠垫。后来，民间所用的禅椅、半床及贵妃榻，都是从宝椅派生出来的。

②交椅。在椅类中，交椅是最早的品种，直至明代尚保留不少前代的旧式交椅。交椅是我国北方游牧民族最先使用，后传入中原。因便于折叠，外出携带方便，备受上层达官贵人的宠爱，因此在家具种类里地位很高。交椅除了为户外使用外，也有在室内摆放坐靠的，但多为大户人家享用。其造型构造至明清，始终保持着一种强烈的异域风采，颇受世人尊重。交椅的结构是前后两腿交叉，交接点作轴，上横梁穿绳带，可以折合，上面安一栲栳圈儿。因其两腿交叉的特点，遂称“交椅”。明清两代通常把带靠背椅圈的称交椅，不带椅圈的称“交杌”，也称“马闸儿”。它们不仅可在室内使用，外出时还可携带。宋、元、明至清代，皇室贵族或官绅大户外出巡游、狩猎，都带着这种椅子。

③官帽椅。即“扶手椅”，是椅类中的珍品，因其造型如官帽而得名。这是明式家具的代表作之一。它又分南官帽椅和四出头式官帽椅。所谓南官帽椅，是一种搭脑和扶手不出头，而与前后腿立柱上端弯转榫接呈软圆角。所谓四出头，

△ **红木雕福禄太师椅、几（三件）　清代**

椅：宽62厘米，深46厘米，高100厘米；几：边长40厘米，高79厘米

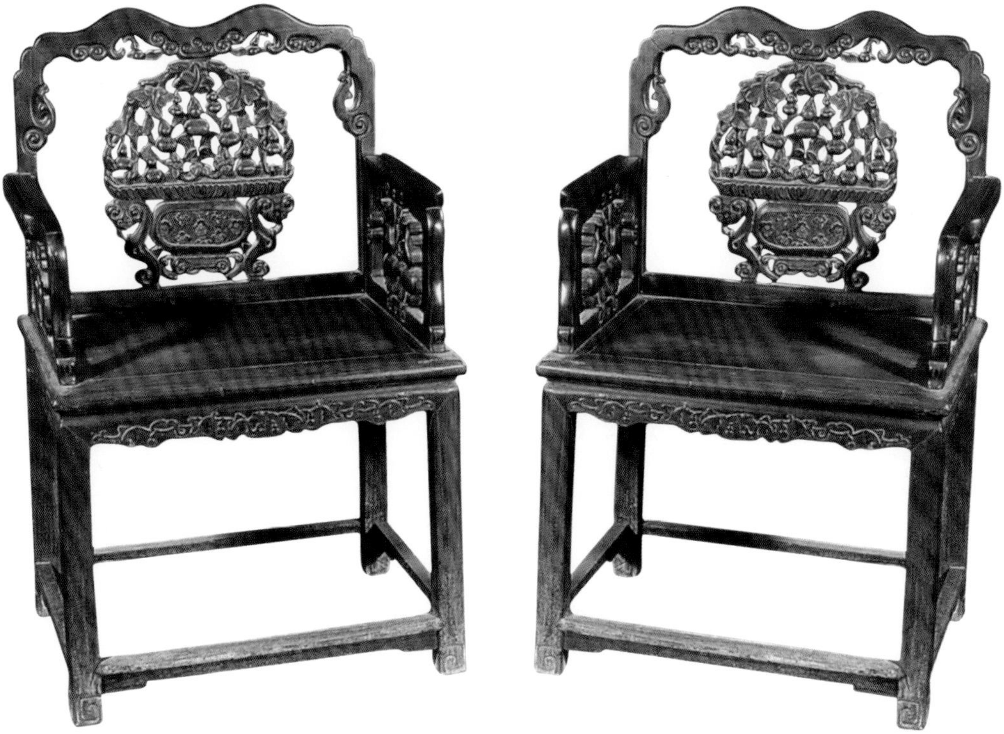

△ **红木太师椅（一对）　清代**

高98厘米

△ **红木嵌大理石太师椅（一对）　清代**
宽49厘米，深61厘米，高97厘米

即椅背搭脑两头与扶手前拐角处均出头。四出头官帽椅多用黄花梨制成，是明式家具中的优秀之品。这种椅型在南方使用较多，常见多为花梨木制，且大多用圆材，给人以圆浑、优美的感觉。

④玫瑰椅。也是一种较早的椅子，早在宋代绘画上就有出现，在明代非常普遍。它的一个主要特点是，椅背通常低于其他各式的椅子。通常在室内临窗陈设，椅背不高过窗台，配合桌案使用又不高过桌沿。由于这些与众不同的特点，使并不十分实用的玫瑰椅备受人们的喜爱，并广为流行。玫瑰椅的名称在北京匠师们的口语中流行较广，江南一带称“文椅”。这种椅子轻巧灵活，造型别致，又因此椅大多用黄花梨与鸡翅木制作，能给人一种赏心悦目之感，一般它都配合桌案而陈设，是一种文人书房的坐具。

从风格、特点和造型上看，玫瑰椅的确独具匠心，这种椅子的四腿及靠背扶手全部采用圆形直材，较其他椅式新颖、别致，达到了珍奇美丽的效果。用“玫瑰”二字称呼椅子，是对这种椅子的高度赞美。

⑤圈椅。是由交椅发展和演化而来的。圈椅也称“罗圈椅”，即它的后背搭脑与扶手是由一条圆润流畅的曲线组成。椅圈后背与扶手一顺而下，就座时，肘部、臂部一并得到支撑，很舒适，颇受人们喜爱，逐渐发展成为专门在室内使用的坐

具。它和交椅的不同之处就是不用交叉腿，而采用四足，以木板做面。和平常椅子的底盘无大区别，只是椅面以上的部分还保留着交椅的形态。这种椅子大多成对陈设，单独使用的不多。

圈椅的椅圈因为是弧形，所以用圆材较为协调。圈椅大多只在背板正中浮雕一组简单的纹饰，但都很肤浅。背板都做成“S”形曲线，它是根据人体脊背的自然曲线设计的，这是明式家具科学性的一个典型例证。明代后期，有的椅圈在扶手尽端的卷云纹外侧保留一块本应去掉的木材，透雕一组卷草纹，既美化了家具，又起到格外加固的作用。更有一种圈椅的靠背板高出椅圈并稍向后卷，可以搭头。也有的圈椅椅圈从背板两侧延伸通过后边柱，但不延伸下来，这样就成了没有扶手的半圈椅了，可谓造型奇特，新颖别致。

⑥太师椅。是一种非常普遍使用的坐具。它形体较大，是庄重而华美的坐具。据考证，太师椅起源于南宋。明清时，在制作时常以大狮与小狮为图样，寓意太师、少师，故称太师椅。太师椅原为官家之椅，以清乾隆时期的作品为最精，一般都采用紫檀、花梨与红木等高级木材打制，还使用镶瓷、镶石、镶珐琅等工艺。椅背基本上是屏风式，有扶手。清中期后，广东家具生产蓬勃发展，原为官家之椅的太师椅走进了寻常百姓家，椅背与扶手常被雕刻得精彩异常，成为一种充满富贵之气的精美坐椅，风靡一时。后来，又发展到用榉木制造，成为一种家常坐具。太师椅一般摆设在厅堂里，摆在八仙桌两边，或与茶几配套，一般

△ **黄花梨罗锅枨带矮老方凳　清早期**

边长58厘米，高46厘米

此方凳清秀雅致，仿竹质家具造型，线脚饱满，过渡圆滑，乘坐舒适。

均成双摆置。

⑦靠背椅。是指光有靠背没有扶手的椅子，有“一统碑式”和“灯挂式”两种。一统碑式的椅背搭头与南官帽椅相同。灯挂式的靠背与四出头式相同，因其横梁长出两侧立柱，又微向上翘，犹如挑灯的灯杆，因此得名。这种椅型较官帽椅略小，特点是轻巧灵活，使用方便。如桥梁式搭脑灯挂椅，此椅脚柱，椅面以下为外圆内方，以上为圆形，搭脑、靠背两侧的立竿和横料均做圆材，协调统一。背板上隔堂，以铲地浅雕的手法在线框内雕饰变形牡丹纹样，中隔堂落堂起堆肚，下隔堂作券口式亮脚，边沿盘阳线。椅面框边作大倒棱起阳线，左、右、后三面皆安牙板，牙头较长。前牙券口，中垂螳螂肚，两侧1/3处雕方钩云纹卷珠，与踏脚档相碰时作马蹄形，盘阳线。此椅整体比例匀称，用材得当，做工精湛，是清代苏式早期的优秀作品。又如驼峰式搭脑高背椅，此椅搭脑三曲，民间俗称“驼峰式”，靠背作三段隔堂，上、中落堂面，下嵌蝴蝶花纹结。座身挖弯内凹，俗称“马鞍式”。椅面下折角桥梁档，中间矮柱采取劈开的分心做法，踏脚档作相应凹进，加上三层式托牙，均表现出鲜明的地方和时代的特征。这是苏式红木家具在清代中期出现的典型形式。由于椅子用料多是较细的圆梗，故曲线柔婉，造型空灵轻巧，婀娜多姿，与清初时的文椅相比别具一格，形成一种新的面貌。

还有一种名为竹节纹矮背椅的椅款，此椅后背比一般文椅低矮，造型极似玫瑰椅，但靠背扶手与椅盘间不设横档，以S形曲栅构成，造型风格与常见的迥然不同。椅面落堂起堆肚。腿足间安桥梁式券口。脚档下安桥梁托档，桥梁曲度较大，高凸部分紧贴椅盘，显得格外富有弹性。全部横材直料都仿制竹节，十分精

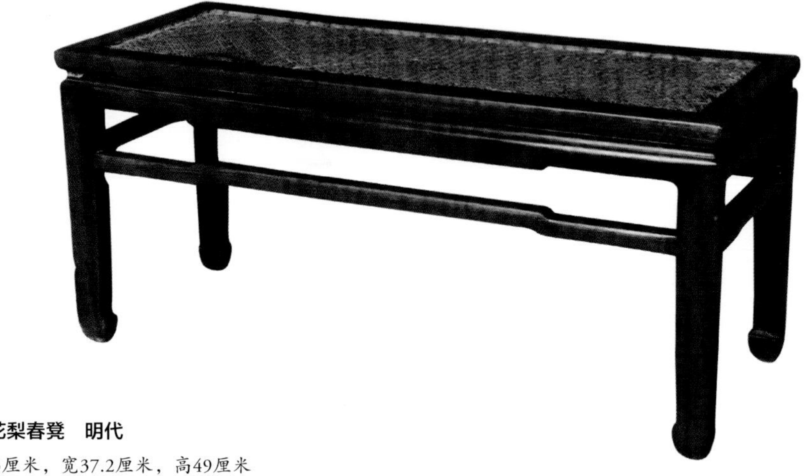

△ **黄花梨春凳　明代**

长98.5厘米，宽37.2厘米，高49厘米

此春凳为黄花梨质地，藤心凳面，冰盘沿，束腰打洼，下有托腮；罗锅枨式牙条，腿牙以抱肩榫相连接，直腿内翻马蹄。

巧别致。该椅子通过精心的设计和制作，其完美的艺术形象可作为清代红木家具推陈出新的又一典范。

（2）凳类

在中国古典家具中，凳的品种不如椅类多。一般来讲，它很少出现在较高雅的场合里，通常是平民百姓家，富贵人家也只是在卧室与偏房使用，它的种类有绣墩、圆凳、条凳、方凳、春凳等。

①绣墩。在凳类家具中也有珍品，那就是明清时期的“绣墩”。绣墩又名坐墩，由于它上面多覆盖一方丝绸绣织物，故名绣墩。绣墩多为圆形，凳与墩古时通用。这种凳多仿花鼓形式，两头小，中间大，形如花鼓，所以又称花鼓凳，制作木材多用较高级的紫檀、红木、花梨，在使用时根据不同季节辅以不同的坐垫。为破除圆墩体形的沉闷，一般都要在鼓腰开洞孔，通常称“开光”。

绣墩是红木家具中的珍品，也是今天古典家具爱好者寻觅之物。绣墩的工艺制作非常考究，凳芯常镶以瘿木、云石，或者是藤编，在面框常雕鼓钉一周。墩身有光素与雕刻之分，雕刻的花纹常常有拐子龙纹、藤纹等。绣墩与圆凳的主要区别在于，绣墩有托泥，而圆凳的腿是直接着地的。绣墩除木制藤编外，还有草编、竹编、彩漆、雕漆、陶瓷等多种质地。造型多样，色彩纷呈，陈设厅堂，绚丽多彩。

②圆凳。也是坐具中的优秀者。虽说也是圆形，但它的脚是直接落地，腿足常见的有五足、四足，也有六足的。足式有直脚、收腿式、鼓腿式。有一种凳面呈椭圆形的四脚凳，足端外撇踩珠，民间俗称“鹅头脚”，此凳民间俗称“鸭蛋凳”，是最常见的一种圆凳。另外有一种五足圆凳，其造型呈梅花形，故称为“梅花凳”，也是红木家具中常见之物。

明式圆凳造型敦实凝重，三、四、五、六足均有，以带束腰的占多数。三腿者大多无束腰，四腿以上者多数有束腰。圆凳与方凳的不同之处在于，方凳因受角的限制，面下都用四足，而圆凳不受角的限制，最少三足，最多可达八足。

③杌凳。杌凳是不带靠背的坐具，明式杌凳大体可分为方、长方和圆形。杌和凳属同一器物，没有截然不同的定义。

杌凳又分有束腰和无束腰两种形式。有束腰的都用方材，很少用圆材，而无束腰杌凳是用方材、圆材都有。有束腰者可用曲腿，如鼓腿彭牙方凳，而无束腰者都用直腿。有束腰者足端都做出内翻或外翻马蹄，而无束腰者的腿足无论是方是圆，足端都很少做装饰。

杌多正方形，长方形杌不多。有一种长方形杌，此杌无束腰，无横档，更是少见。杌面框边沿竹爿浑，上下起阳线。脚柱外圆里方起阳线。牙板盘阳线珠，折角牙头。该杌线脚单纯一致，造型简洁明快，制作年代应为清代中期。

④条凳与春凳。凳类中有长方和长条两种，长方凳的长、宽之比差距不大，一般统称方凳。长宽之比在2∶1至3∶1左右，可供二人或三人同坐的多称为条凳，坐面较宽的称为春凳。由于坐面较宽，还可作矮桌使用，是一种既可供坐又可放置器物的多用途家具。条凳坐面细长，可供二人并坐，腿足与牙板用夹头榫结构。一张八仙桌，四面各放一长条凳，是城市店铺、茶馆中常见的使用模式。

四 箱柜类家具

1 箱柜的起源

箱和柜的使用大约始于夏、商、周三代。《国语》曰：“夏之衰也，褒人之神化为二龙，夏后卜杀之与去之与止之，莫吉。卜请其漦而藏之，吉。乃布币焉而策告之，龙亡而漦在，椟而藏之，传郊之。”这里面的“椟”也就是人们所称的“柜”。《尚书》曰：“武王有疾，周公纳册于金滕之匮中。”（《尚书正读》卷三）其中椟和匮尽管读音不同，但说的却是同一种器物，只不过因时代不同而名称各异罢了。

古代的柜，也并非我们今天所见的柜，倒很像当今的箱子。而古代的“箱”是指车内存放东西的地方。《说文》曰：“箱，大车牡服也。”《篇海》曰：“车内容物处为箱。”《左传》曰：“箱，大车之箱也。”古代也有“匣”这个名称，形式与柜无大区别，只是比柜小些。《盐铁论》曰：“天子以海内为匣柜。”《六书故》曰：“今通以藏器之大者为柜，次为匣，小为椟”。史书关于柜子的记载也很常见，如《韩非子》曰：“楚人卖珠于郑，为木兰之椟。薰以桂椒，缀以珠玉。饰以瑰玉，缉以翡翠。郑人买其椟，还其珠，可谓善卖柜而不可谓鬻珠也。”（《格致镜原》卷五十四）古代匣和柜的区别没有一定的界限，甚至还有匣、柜混称不分的。这种现象自两汉一直沿至隋唐时期，如徐浩编写的《古绩考》曰：“武延秀得帝赐二王真迹，会客举柜令看。”可以清楚地看出，这时的柜，一定形体不大，不然的话，举起柜子就很不现实了。

关于柜子的实物资料，我们从出土文物中可见一斑。就目前发现较早的柜子，当属河南省信阳长台关战国墓出土的小柜和随县曾侯乙墓出土的漆木衣柜。战国以前的“箱”是指车内存放东西的地方。这里出土的小柜，按现代说法应称为箱，按战国前的说法则应称为柜。这几件柜的形式大体相同，柜盖隆起作弧形。盖和柜身四角做出突出柜身的把手，可拱捆绑搬抬。两墓共出土衣柜五件，分别彩绘有扶桑、太阳、鸟、兽、蛇和人物等各种图案，有的还在盖上刻有“紫锦之衣”的字样。

汉代出现了区别于箱、匣的小柜。河南省陕县刘家渠东汉墓出土的一件绿釉陶柜模型，就是很典型的实例。柜身呈长方形，下有四足，柜顶中部有可以开启的柜盖，并装有暗锁，周身饰乳钉。自东汉直至隋唐，日常所用柜子多采取这种形式。

唐代出现较大的柜子，能存放多件物品。据《杜阳杂编》记载：“唐武宗会昌初，渤海贡玛瑙柜，方三尺深，色如茜，所制工巧无比，用贮神仙之书置之帐侧。”所谓玛瑙柜，就是镶嵌着玛瑙的柜子。唐代也有专门存放书籍的书柜。白居易写的《长庆集》卷五十五有杜曲花下诗：“斑竹盛茶柜，红泥罨饭炉。”卷六十三有题文集柜诗：“破柏作书柜，柜牢柏复坚。”

还有一种叫“厨（橱）”的家具，也可归为箱柜类。它是一种前开门的家具，可以存贮食品与粮食，也可用来存放书籍和衣被等。这种厨可能是由汉代的几类家具发展而来的。到了两晋时期，这类家具迅速普及，成了人们日常生活中必要的用品之一，到明清时，橱与柜已达到多姿多彩的地步，成为中国古典家具的最主要角色。

2 | 箱柜的种类

（1）柜类

在我国古典家具中，箱柜的种类比较繁多，在使用时也是各有各的用处，各有各的讲究。

①橱。它的形体与桌案相仿，面下安抽屉，两屉的称连二橱，三屉的称连三橱，还有四橱的，总起来都称“闷户橱”。乍听起来很容易让人理解为三屉桌，其实它和三屉桌不同，橱的抽屉下都有个闷仓，如将抽屉拉出来，闷仓内也可放物品。这种家具大体还是桌案的性质，只是在使用功能上较桌案又发展了一步。

②柜。一般形体较高，可以存放大件或多件物品。对开两门，柜内装樘板数层。两

△ **黄花梨龙凤纹上格券口带栏杆亮格柜　明末清初**
长100厘米，宽63厘米，高192厘米

扇柜门中间有立栓，柜门和立栓上钉铜饰件，可以上锁，是居室中必备的家具。

③柜橱。是一种柜和橱两种功能兼而有之的家具。一般形体不大，高度相当于桌案，柜面可作桌面使用。面下安抽屉，在抽屉下安柜门两扇，内装樘板为上下两层，门上有铜质饰件，可以上锁。在室内陈设颇觉奇趣，一向为人们所喜爱。

明代柜橱种类很多，但在做工上，特点和风格与桌案一样，也都是侧脚收分明显。这种柜橱在明代相当普遍。除此形式外，还有一种不带侧脚收分的柜橱，这种柜橱四条腿全用方料，柜面四角与四条腿的为外角平直，高度与桌案大体相同。

明代柜橱的使用十分讲究，对各种专用的柜子又有不同的要求，如《长物志》所说："藏书橱须可容万卷，愈阔愈古。惟深仅可容一册，即阔至丈余，门必用两扇，不可用四扇或六扇。小橱以有座者为雅，四足者差俗。用足，亦必高尺余。下用橱殿仅宜两尺，不则两橱叠置矣。橱殿以空如一架者为雅，小橱有方二尺余者，以置古铜、玉、小器为宜。大者用杉木为之，可辟虫。小者以汀湘妃竹及豆瓣楠、赤水木为古。黑漆断纹者为甲品。杂木亦具可用，但式贵去俗耳。绞钉忌用白铜，以紫铜照式两头尖如梭子、不用钉钉者为佳。竹橱及小木直楞一则市肆中物，一则药室中物，俱不可用。小者有内府填漆者，有日本所制，皆奇品也。经橱用

△ **黄花梨圆角柜　明代**

长113厘米，宽70厘米，高41厘米

△ **黄花梨圆角柜　明代**

长97厘米，宽49厘米，高150厘米

此圆角柜通体光素，柜顶喷出，有闩杆，门板和侧山用楠木细瘿木对开而成，木门轴。原皮壳包浆，原配铜活。数百年间未曾修理，十分难得。

△ **黄花梨大方角柜（成对）　清早期**

长92.5厘米，宽48.8厘米，高191厘米

△ **黄花梨书柜　明代**

长72.5厘米，宽47.5厘米，高101.5厘米

此书柜通体为黄花梨木质，色泽古朴，造型简洁。柜顶盖卯榫结构，柜门对开，攒框镶独板，内置三层，正面带中柱双锁门。

朱漆，式稍方，以经册多长耳。”

又说：“佛橱、佛桌，用朱、黑漆，须极华整，而无脂粉气。有内府雕花者，有古漆断纹者，有日本制者，俱自然古雅。近有以断纹漆凑成者，若制作不俗，亦自可用。”文献《燕闲清赏》曰：“明初有书橱之制，妙绝人间，上一平板，两旁稍起，用以搁卷，下此空格盛书，旁板镂作绦环，洞间两面掺金铜滚阳线。中格左作四面板围小橱，用门启闭。掺金铜绞，极其工巧。”

综上所述，藏书橱和普通橱形制各不同；大橱和小橱又有不同。小橱必加橱殿（即小柜座），如用四足，必高尺余，方显美观。小式书橱，上面平板多作卷沿，形如翘头案的翘头。用以放置卷轴，不致滚落于地。经橱、佛橱必用朱漆，形制也较一般橱大，原因是经册大多比较宽大。

④顶竖柜。是一种组合式家具，它是在一个立柜的顶上另放一节小柜，小柜的长和宽与下面立柜相同，故称“顶竖柜”。这种柜大多成对在室内陈设，或两个顶竖柜并列陈设，或在大厅两侧相对而设，因其共由两个大柜和两个小柜组成，所以又称“四件柜”。在明清两代传世家具中，这种柜子占相当一部分比重。

⑤亮格柜。是书房内常用的家具，是集柜、橱、格三种形式于一体的家具。通常下部做成柜子，上部做成亮格，下部用以存放书籍，上部陈放古董玩器。陈设在厅堂或书房，既是实用品又是陈设品，把实用和美观统一在一起。

⑥圆角柜。四边与腿足全部用一木作成，柜顶角与柜脚均呈外圆内方，又称“圆脚柜”。北方工匠称其为“面脚柜”，南方人称其为“大小头橱”。圆角柜有两门和四门之分。

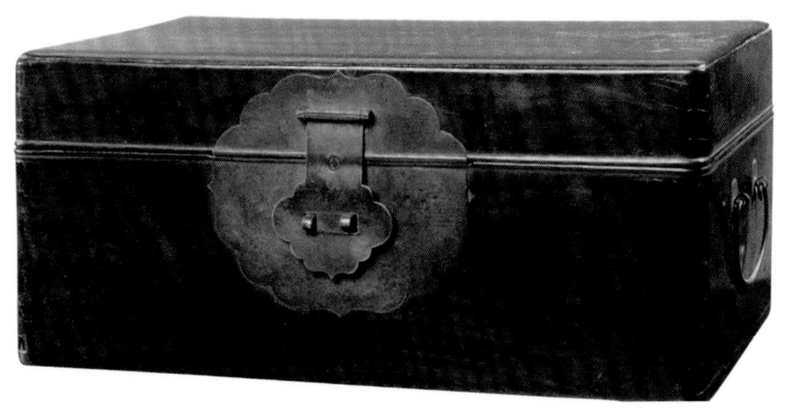

△ **黄花梨书箱　清早期**

长40厘米，宽22厘米，高16厘米

这只黄花梨书箱造型典雅，宝光莹润，纹理美观。尤其值得称道的是它考究的制作工艺：所有对称的看面均是以木对开，立墙内外圆角相接，箱顶微向上拱，白铜云头拍子嵌紫铜，采用平卧式安装。

△ **黄花梨盝顶官皮箱　明代**

长44厘米，宽37厘米，高46厘米

此官皮箱为黄花梨制成，其色泽油黄中泛红，仿佛燃烧的火焰气势蓬勃，乃黄花梨料中之极品。箱顶带盖帽，箱门对开，内设大小抽屉共五具，门脸上皆设有铜拉手，箱体两侧另置有“U”形铜提手，方便提携。

△ **黄花梨盝顶官皮箱　清早期**

长35厘米，宽26厘米，高36厘米

此箱造型儒雅，盝顶，门板为一木对剖，内装抽屉四具，无雕饰，是官皮箱的基本形制之一。

两扇门圆角柜大都形体较大，故多以轻木材做成，通常都在里外补麻罩漆。尽管木质轻，然形体大，加上表面漆灰，重量仍很大。圆角柜的特点是稳重大方，坚固耐用，这种特点突出表现在用料粗壮和侧脚、收分明显两个方面。两门活动处不用合页，而采用门轴的做法，把紧靠柜边的门框上下两端，作出长于柜门的轴头，上端插入门框顶边的圆孔中，下端坐进下门框两侧的圆坑中。必要时可以把柜门摘下来而不需要任何工具。

四扇门圆角柜，外形与两门柜基本相同，只是宽度大一些。靠两边的两扇门不能开启，但必要时可以摘下来。它是在柜门的上下两边作出通槽，在门框的上下两边钉上与门边通槽相吻合的木条。上门时把门边通槽对准木条向里一推，上下两道木条便牢固地卡住门边。中间两门的作法与两扇门柜的作法相同。

⑦方角柜。即用方材作框架，柜面的各体都是垂直呈90°，没有上敛下伸的侧脚，柜顶亦无喷出的柜帽，门扇与立栓之间由铜质合页联接，也称“一封书”式方角柜。有的方角柜柜身大框及门的边抹都打洼，作法颇有古趣。

⑧书格。宋人画《五学士图》里的书格是最早的书柜样式，可见当时就是以此种柜存放书画用具。书格属柜橱类家具，所以能够存放物品。其实北人称柜，南人称橱。南人称书格为书橱，而北方人则称之为书柜，而书柜则属柜橱中的架格类。柜橱多有门，而架格多无门。明代书格的出现无疑为闷心的柜橱类家具增

加了灵动和文气，其空敞无档简约有序的线条架势深得古代文人的青睐，明人画中多有书格入图。古人对书格的设置也是极有讲究的，仅在书斋设置并非随处可设，更不能滥设。

书格为架格类家具的一种，正面基本不装门，两侧与后面大都空透，但在每个屉板两侧与后面加一个较矮的栏板，其目的是在防止书籍落出后面，当围护挡齐的作用。看面中部大都设置两个抽屉，这样增加了书格的使用功能，也能增加承重梁架，坚固整体框架的牢度。其主要特征是看面敞开无门，即使有门也是灵格式透门，这样的书格存放书籍和文具，使人望而知之，使用和取置十分方便。

（2）箱类

用于贮存什物的还有箱子，一般形体不大，多用于外出时携带，两边装提环。由于搬动较多，箱子极易损坏，为达到坚固的目的，各边及棱角拼缝处常用铜叶包裹。正面装铜质面叶和如意云纹拍子、钮头等，可以上锁。较大一些的箱子，常放在室内，接触地面而摆放。为了避免箱底受潮而走样，多数都配有箱座，也叫作“托泥”。

箱类中还有一种称为“官皮箱”的，也是一种外出旅行用的存贮用具。其形体较小，打开箱盖，内有活屉，正面对开两门，门内设抽屉数个，柜门上沿有仔口，关上柜门，盖好箱盖，即可将四面板墙全部固定起来。两侧有提环，正面有锁匙，是明代家具中特有的品种。

△ **黄花梨龙纹大地屏　清代**

长113厘米，宽54厘米，高196厘米

黄花梨质地大地屏，边抹为大框，中间两面以黄绢嵌屏心，底座用两块厚木雕抱鼓墩，上竖立柱，仰覆莲柱头，以站牙抵夹。立柱间安横枨两根，以短柱中分，两旁装透雕螭龙纹条环板，枨下安八字披水牙，上雕螭龙纹，屏心可拆卸，其上绘图，一面为圣祖康熙皇帝描像，另一面为世宗雍正皇帝描像。

（3）盒类

盒与箱同属有盖的箱柜类器具，提盒为古人存置物品之器，因其以提梁托盒而被称之为提盒，多为古代大户人家所置。此器古已有之，但形制各有不同，有圆形、扁圆形、方形、长方形等，称谓也各不相同。制作材料多种多样，有木制，竹编，木制彩漆描绘各种图案等。至明代长方形提盒样式基本固定下来，大约分大、中、小三种类型。

大者高达一米、长也近一米，分多层，层层紧扣，棱角处多以铜叶或铁叶包镶，用圆形钉咬紧。每层两 侧安金属接环，提梁居中也置一金属环，这样可以使前后两人扛木穿环，就有挑箱的人物形象。

小者为一手便可提携，明代对这种小提盒制作十分讲究，一般店肆常备的多白木制作，以漆罩满器物，形制略为粗糙，仅盖盒一层，为送食品及其他小型货物所备。明代文人发现这种颇具民俗色彩的提盒耐人寻味，便参与设计，使其形体更为精巧，且制作工艺极为细致，用材多以黄花梨、紫檀、鸡翅木等上品硬木制作。承传至清朝，黄花梨告缺，则多以紫檀、红木制作。清制百宝镶小提盒颇有美誉，盒体全用紫檀精料制作，再用象牙、白玉、蜜蜡、绿松石、玛瑙等名贵宝物嵌镶成各种传统吉祥花卉图案，使提盒充满高贵艳丽的色彩，令人赞叹不已。

五 屏架类家具

1 | 屏架的起源

屏架，就是屏风与架子类家具。虽然它们在古董家具中不占主要的地位，但是它们依然是一个重要的组成部分，所以也应该是藏家经常关心的收藏品。

作为一种很特别的家居用品，屏风的起源很早，据《物原》记载：“禹作屏。”又据《春秋·后雨》曰：“孟尝君屏风后，常有侍使记客语。”据说早在西周初期就已经出现了屏风，那时称屏风为“邸”或“扆”。汉郑玄注:“邸，后板也。”我们知道，家具的形制与模式是由居室建筑决定的。古代的房屋建筑高大宽敞，需要挡风与遮蔽，于是便产生了屏风。最早的屏风大都是单扇，到了汉代，由独扇发展到多扇，折叠开合，使用起来就更加方便。汉代以前屏风的制作

△ **嵌鱼化石小插屏　明代**

高45厘米

△ **嵌端石山水人物小插屏　明代**

高46厘米

△ **紫檀嵌沉香人物故事砚屏　明代**

高24.5厘米

△ **紫檀镶云石插屏　清代**

长44.5厘米，宽22.5厘米，高59.4厘米

此紫檀插屏选料上乘，做工考究，包浆温润，屏心选用红褐色云石，浮雕苍松流云，亭台楼阁，古人怡然自乐之景。两侧站牙镂雕卷草纹，挡板及披水牙子皆成镂空卷草纹状，表相映成趣之意。

十分讲究，它是主要的装饰性家具，所以多为木板上漆彩绘。唐代以后，屏风的制作材料开始多样化，有以玉石作装饰的玉屏风，有玻璃屏风，云母屏风，绨素屏风，书画屏风等。折叠屏风从数扇发展到数十扇，种类有落地屏风、床上屏风、梳头屏风、灯屏风等。清乾隆以后，由于穿衣镜的出现，单扇落地屏风逐渐被其取代，其实穿衣镜也是一种屏风，只是它又多了一种实用功能。在今天，屏风仍是一种不可缺少的家具，只是它已经退出一般人家中，而是大型厅堂里的一种家具。

屏风单独使用时可放在身后，长度与床榻相同。近年出土的实物中，长沙马王堆出土的漆屏风最为典型。屏身黑面朱背，正面用油漆彩画云龙图案。龙纹绿身朱鳞，体态生动自然。背面朱地上满绘浅绿色棱形几何纹。中心系一谷纹圆璧。屏板四周，围以较宽的棱形彩边。在下面的边框上安有两个带槽口的承托。另外洛阳涧西汉墓出土的陶屏风等，都属于这一类。

独板屏风一般用于身后，但在特殊环境下也可用于身体的两侧，起分隔和遮蔽作用。谢承编写的《后汉书》记载："郑弘为太尉时，举弟五伦为司空，班次在下。每正朔朝见，弘曲躬自卑，上问知其故，遂听置云母屏风分隔其间。"《三国志·吴录》曰："景帝时，纪亮为尚书令，子骘为中书令，每朝会，诏以屏风隔其座。"从两段记载中可以清楚地了解到这类屏风的使用情况。

汉代以前的屏风多为木板上漆，加以彩绘。自从造纸术发明以来，则多用纸糊。作法是先用木做框，然后在两面糊纸，上面图中画各种仙人异兽等。这种屏

△ **红木嵌玉璧座屏　明代**

高54厘米

△ **漆器插屏　清康熙**

长63厘米，宽28.5厘米，高64.5厘米

此插屏通体髹漆而成，双面工，正面绘五龙在云间穿梭，气势磅礴；背面漆绘"喜上梅梢"，自然秀美，披水牙子上漆绘卷草纹，宝瓶式站牙，落款"康熙御笔"。

风比较轻便，用则设之，去则收之。一般由多扇组成，每扇之间用钮连接，可以折叠，人称曲屏。四扇称四曲，六扇称六曲。也有以多扇拼合的通景屏风，当时的史书中常有这种屏风的描绘，如《后汉书·宋弘传》曰："弘尝燕风，御坐新屏风图画烈女，帝数顾视之，弘正容言曰：'未见好德如好色者。'帝即为撤之。"《邺中记》曰："石虎作金银钮屈屏风。"

从东晋顾恺之绘画的《列女传图》中还可看到当时屏风的形象。此屏三面均描绘山水，看样子是通景画屏。这种屏风，无须另安底座，不论屏扇多少，只要打开一扇，即可直立。南北朝时，这类屏风开始向高大方面发展，数量也在不断增加。如《东宫旧事》记载："皇太子纳妃有床上屏风十二牒，银钩纽梳头屏风二十四牒，地屏风十四牒，铜环钮。"《元嘉起居注》曰："十六年，御史中丞刘桢奏，风闻前广州刺史韦郎于广州所作银涂漆屏风二十三床，又绿沉屏风一床。"至五代时后蜀孟知祥晚年"作画屏七十张，关百纽而联之，用为寝所，号曰'屏宫'。"足见屏风在当时的盛行。

2 | 屏架的种类

（1）屏风类

我国古代屏风的使用极广，凡厅堂居室必设屏风。论其种类有"地屏风、床上屏风、梳头屏风、灯屏风"等。地屏风一般形体较大，多在厅堂陈设，位置相对固定。床上屏风较地屏风要小，它与床榻或茵席组合使用，如辽宁省辽阳棒台

△ **粉彩花篮纹插屏（一对）　清中期**

高39厘米

子屯汉墓壁画中的屏风，山东省渚城汉墓画像石谒图中的屏风等。梳头屏风，即镶着镜子。用以梳妆的一种小屏风。灯屏，是一种专为灯盏遮风的小屏风，它不仅可以防止灯火被风吹灭，同时可控制灯头的方向。

地屏主要分为落地屏风和带座屏风。

落地屏风也叫软屏风或曲屏风，是多扇折叠屏风。多为双数，少则二至四扇，多则六至八扇。四扇则称四曲，八扇则谓八曲。每扇之间用销钩连接，折叠方便。软屏风多使用木作框，屏芯用纸绢装饰，上面绘、绣各种人物神话故事和吉祥图案。室内陈设既可间隔大小，同时也增添室内的装饰效果。

带座屏风又称硬屏风和座屏，是将屏框插在屏座上。带座屏风有多扇组合和独扇插屏。多扇座屏以单数序增，少则3扇，多则9扇。每扇以活榫衔接，可拆卸。取单数是因有一屏立于中间，往往高出其他屏扇，而二边屏扇就可对称配立，显示居中至高无上。座屏的屏框两侧下端有脚榫，插入屏座的孔卯中，座两端边有站牙抵夹加固屏座，屏顶有雕花屏帽装饰，屏风站立坚固雄伟。带座屏风一般置于中央固定不动。在皇宫中，这类屏风多设置在大殿坐北朝南处，宝座置其前最大的突出皇权至上的尊严。

独扇座屏也称插屏。这类屏风大小不等，大可挡门，间隔视线，俗称影屏，一般拔地而起。小者则谓案屏，设在厅堂条案或书房桌案之上，纯为摆设装饰，以作风雅逸景。

△ **黄花梨镜架　明代**

长31.5厘米，宽31.5厘米，高25厘米

此镜架以榫卯相连，架面设荷叶形镜托，以卡铜镜之用，饰处透雕桃花纹，寓意“面若桃花”，支架可折叠。

插屏即把屏风结构分成为上下两个部分，分别制作，组合装插而成。屏座用两块纵向木墩上各竖一立柱，两柱由横枨榫接，屏座前后两面装披水牙子，两柱内侧挖出凹形沟槽，将屏框插入沟槽，使屏框与屏座共同组成插屏。

屏风的种类若以质地分则名目更多。

①玉屏风。以玉石作装饰的屏风。汉刘歆编写的《西京杂记》曰："君王凭玉几，倚玉屏。"

②雕镂屏风。一种透雕各种纹样或图案的屏风。1965年湖北省江陵望山一号战国楚墓出土的彩漆木雕座屏，是典型的实例。《三辅决录》记载："何敞为汝南太守，章帝南巡过郡，有雕镂屏风为帝设之。命侍中黄香铭之曰，'古典务农，雕镂伤民，忠在竭节，义在修身'。"

③琉璃屏风。琉璃一种带颜色的玻璃料，古称琉璃，其色泽似玉。《魏略》曰："大秦国出赤、白、黑、黄、青、绿、缥、绀、红、紫十种琉璃。"唐代称其为玻璃，用以装饰屏风，则称琉璃屏风。《汉武故事》记载："上起神屋，扇屏悉以白琉璃作之，光照洞彻。"陆龟蒙编写的《小名录》记载："吴主孙亮有四姬，为作绿琉璃屏风，甚薄而彻，每月下清夜舒之，使四姬坐屏风内，而外望之如无隔。"

④云母屏风。云母本是一种矿石，可析为片，薄者透光，古人常用以装饰屏风。《西京杂记》曰："赵合德遗飞燕云母屏风。"

⑤绨素屏风。绨是一种较厚的丝织品，平滑而有光泽。铺在几案之上，谓之绨几。糊在屏风上，则谓之绨屏。为帝王所专用。这种屏风表面不易描绘花纹，所以又称绨素屏风。《魏志》曰："太祖平柳城，颁所获器物，特以素屏风素几赐毛玠。"

⑥书画屏风。是指于屏风上描绘图像或题字的屏风。早期多在漆面上作画，造纸术发明以后，这种屏风则多用纸糊。纸屏风的优点不仅轻便，且易于描画各种花样。古代书籍中也不乏其例，汉《西京杂记》记载："赵合德所居昭阳殿中设木画屏风，纹如蜘蛛丝缕。"《宋春秋》曰："明帝性多忌讳，亦恶白字屏风书古来名文。有白字辄易玄黄朱紫随宜代焉。"隋唐五代时期，书画屏风更为盛行，史书及当时的绘画中屡有记载。《唐书》记载："房玄龄集古今家诫书于屏风。""宪宗著书十四篇，号前代君臣事迹书于六曲屏风。""高祖皇后窦氏殳毅在周为上柱国，尚武，帝姊长公主尝谓主曰，此女有奇相，何可妄与人，因画二孔雀屏间，请婚者射中目则许之。高祖最后射，各中一目，遂归高祖。"

（2）架类

架类是指日常生活中使用的悬挂及承托用具，主要包括衣架、盆架、灯台、梳妆台等。

①衣架。用于悬挂衣服的架子，一般设在寝室内，外间较少见。古人的衣架与现代常用衣架不同，其形式多取横杆式。两侧有立柱，下有墩子木底座。两柱间有横梁，当中镶中牌子，顶上有长出两柱的横梁，尽端圆雕龙头。古人多穿长袍，衣服脱下后就搭在横梁上。

②盆架。分高低两种。高面盆架是在盆架靠后的两根立柱，通过盆沿向上加高，上装横梁及中牌子，可以在上面搭面巾。另一种是不带巾架，几根立柱不高过盆沿。两种都是明代较为流行的形式。

③灯台。属坐灯用具，常见为插屏式，较窄较高，上横框有孔，有立杆穿其间，立杆底部与一活动横木相连，可以上下活动。立杆顶端有木盘，用以坐灯。为防止灯火被风吹灭，灯盘外都要有用牛角制成的灯罩。

④梳妆台。又名镜台，形体较小，多摆放在桌案之上。其式如小方匣，正面对开两门，门内装抽屉数个，面上四面装围栏，前方留出豁口，后侧栏板内竖三至五扇小屏风，边扇前拢，正中摆放铜镜，不用时，可将铜镜收起，小屏风也可以随时拆下放倒。它和官皮箱一样，是明代常见的家具形式。

△ **黄花梨镜匣　明代**

长33厘米，宽33厘米，高59厘米

此镜匣为上等海南黄花梨制成，镜箱式，为典型的京式做工。箱盖一木连做，面四角包铜，沿部呈三劈料状，精巧细腻。开箱窥镜，镜架以榫卯相连，架面设荷叶镜托，以卡铜镜之用，支架可折叠，映射了此物经历的沧桑岁月。台座两开门，内设抽屉三具，面装叶形吊坠，铜活锈迹斑驳，镂空卷草纹牙角，宝瓶式四足。

六 其他类家具

我国历史悠久，同时又是礼仪之邦，许多家具与器物，就是在长期的历史发展中形成的。除了前面已经介绍的几大类主要家具外，还有其他很多家具，我们统称它为杂类。

这些形形色色的家具，大都是由礼仪风俗与生活习惯所决定的，其中大多数家具随着社会生活的发展，风俗习惯的改变，早已不再使用或不复存在了，但是作为一种历史与文化的载体还有不少流传于民间，它们主要是由明清两代遗留下来的，以及民国时期的。例如，从前有两人抬的礼箱，这是一种专门用于盛放礼物的大箱子，或祝寿或婚嫁时使用，我们现在从电视里还能看到。还有一种以前戏班子置放戏服行头的戏箱，或者是镖局押送货物的押箱，这些都是制作严谨考究的家具，用材也较好，形式也很古朴。

除了箱子以外，还有盒匣，这些都是小件家具。它的形态与名称，大多以盛放的物品而定，例如放大印的称官印盒，放拜帖的称拜帖盒，放药材的称药匣，还有帽盒、画盒、枕盒、笔匣、首饰匣、什锦盒等。

△ **黄花梨镜架　明代**

长43厘米，宽39厘米，高35厘米

此镜架是古人放置镜子所用，攒框而成，可自由折叠，且尺寸较大，也属少见。

被列入家具其他类的器物，还有各式的提盒与提篮。它们不论是木制的、竹编的、漆绘的，都有一个共同点，那就是古色古香，很有观赏性。还有各式盘托，有盛放文房用品的，有盛放糕点果食的。有一种叫“九子盘”的，非常精美，大多用红木制成，内有九个小瓷碟组拼成，用来盛放各式蜜饯糖果，以招待客人。另外，还有一类座子，或用于陈设器物，或用于点缀，用材与制作都很考究，上品者其身价也不低，是收藏者的爱物。

据清乾隆《吴县志》记载，当时制作一种“鼓式悬灯”，曰“鼓腹彭亨，而又缀以冰片梅花，则长条短干纵横交错，须一一如其彭亨之势而微弯，笋缝或斜或整，亦须相斗相生，然合拍可奏”“乃绩倘有一条一干一笋一缕或差黍许，则全体俱病，而左支右绌，不能强成矣。”由此可见其高超技艺和卓越水平。

△ **黄花梨五抹隔扇（四件）　清早期**

宽46.5厘米，高221厘米

第三章

古典家具的木材识别

一 紫檀家具的木材识别

1 | 认识紫檀木

紫檀木是世界上最贵重的木材之一。它材质坚硬，木性稳定，制作出的家具，既可做出复杂的榫卯，又可雕刻出各式精美的装饰花纹。紫檀数量稀少，见者不多，被世人所珍重。

紫檀木的色泽为紫红色或紫褐色，素有硬木之冠、硬木之王的美称。紫檀树圆径细小，木质坚硬致密、细腻沉重，最适宜于雕刻、镶嵌及做小件器物，被列为最珍贵的珍稀木料。

紫檀木主要产在南洋群岛的热带地区，其次是印度支那一带，我国广东省、广西省也产过紫檀木，但数量不多。

紫檀属于常绿亚乔木，高五六丈，叶为复叶，花蝶形，果实有翼，木质甚坚，色赤，入水即沉。据《中国树木分类学》介绍："紫檀属豆科植物，约有十五种，产于我国的有两种。一为紫檀，一为蔷薇木。"较名贵的紫檀叫作"牛毛紫檀"，它的特点是木质棕眼极细又长，略带一些弯曲，分布不均匀，因像牛皮，又称牛皮纹。这是最常见的紫檀品种，在家具制作上应用得最广泛。

"鸡血紫檀"的特点是木色暗紫带红，饱满浓重，质地细腻带有油性，在临近材边的部位，常见不规则的暗朱红色斑纹。鸡血紫檀也是常见的紫檀品种之一。

"金星紫檀"是紫檀品种的佼佼者。它的特点是，木质棕眼孔里闪耀着有光的金点在阳光下十分华丽。其木质坚细，色泽墨紫，所以宫廷紫檀家具大多使用此料。

还有一种较低档的"花梨紫檀"，棕眼粗大，质地较粗，色浅而易褪。

通常说紫檀无大料，但从现存传世的紫檀器物看，大料占相当比重，与紫檀木的生态不符，而与蔷薇木的生态却很相似。王世襄先生编写的《明式家具珍赏》说："美国施赫弗曾对紫檀木做过调查，认为中国从印度支那进口的紫檀木是蔷薇木。"可以认为，现存紫檀器物中至少有一部分是蔷薇木所制。至于还有没有其他的树种，还有待于植物学家作进一步考证。

《博物要览》和《诸蕃志》把紫檀划归檀香类，认为紫檀是檀香的一种。《博物要览》记载："檀香有数种，有黄、白、紫色之奇，今人盛用之。江淮河朔所生檀木即其类，但不香耳。”又说：“檀香出广东、云南及占城、真腊、爪哇、渤泥、暹罗、三佛齐、回回诸国。今岭南等处亦皆有之。树叶皆似荔枝，皮青色而滑泽。”“檀香皮质而色黄者为黄檀，皮洁而色白者为白檀，皮府面紫者为紫檀木。并坚重清香，而白檀尤良。”《诸蕃志》卷下说：“其树如中国之荔枝，其叶亦然，紫者谓之紫檀。”

据北京一些有经验的老艺人们讲，紫檀有新、老之分。老者色紫，新者色红，都有不规则的蟹爪纹。紫檀木的特征主要表现为颜色呈犀牛角色，它的年轮纹大多是绞丝状的，也有少许直丝的地方。

紫檀木鬃眼细密，木质坚重。鉴别新老紫檀的方法是：新紫檀用水浸泡后掉色，老紫檀则不会；在新紫檀上打颜色不掉，老紫檀则一擦就掉。

紫檀树种虽多，但它们有许多共同之处，尤其是色彩，都呈紫黑色。制作紫檀家具多利用其自然特点，常采用光素手法。紫檀木质坚硬，纹理纤细浮动，变化无穷，尤其是它的色调深沉，更显得稳重美观。

2 | 紫檀木的使用

中国古代认识和使用紫檀始于东汉末年。晋崔豹编写的《古今注》中称“紫楠”，曰：“紫楠木，出扶南，色紫，亦谓之紫檀”。此后历代均有著录，如苏恭《唐本草》，苏颂《图经本草》，叶廷圭《香谱》，赵汝适《诸蕃志》、《大明一统志》，王佐增订《格古要论》，李时珍《本草纲目》，方以智《通雅》，屈大均《广东新语》，李调元《南越笔记》等，都有关于紫檀木的记载。

到了明代，紫檀木为皇家所重视，开始在国内大规模采伐。虽然紫檀木数量稀缺，但多数尽汇中国。

清代所用紫檀木多为明代所采办，清代也曾从南洋采办过新料，但大多数粗不盈握、曲节不直。这是因为紫檀木生长缓慢，非数百年不能成材。明代采伐殆尽，清时尚未复生。来源枯竭，这也是紫檀木为世人所珍视的一个重要原因。

欧美人士较中国更重视紫檀木，因为他们从未见过紫檀大料，认为紫檀决无大料，只可做小巧器物。据传拿破仑墓前有五寸长的紫檀棺椁模型，参观者无不惊慕，以为稀有。欧美人来北京后，见到许多紫檀大器，才知紫檀之精英尽聚于北京，于是多方收买，运送回国。

现在欧美流传的紫檀器物，基本上都是从中国运去的。由于运输原因，他们并不收买整件器物，仅收买有花纹的柜门、箱面和桌面，运回之后，安装木框，用以陈饰。

清代中期以后，由于紫檀木的紧缺，皇家还不时从私商手中高价收购紫檀木。此后逐渐形成一个不成文的规定，即无论哪一级官吏，只要见到紫檀木，决不放过，悉数买下，上缴皇宫或各地皇家织造机构。

△ **紫檀透雕龙纹香几（一对）　清代**

长58.5厘米，宽43.5厘米，高94厘米

此香几是紫檀木质，长方形，面下高束腰。四角露腿，周围镶条环板六块，浮雕云龙纹。束腰下承托腮，牙条与腿用料丰厚，并以深浮雕、镂雕等多种手法雕云纹和龙纹。腿部选用了圆雕刻饰。四腿的足部与托泥座相连，也用透雕的龙纹缠绕覆盖。托泥中部饰覆莲纹，底下为托泥底座。

清中期以后，各地私商囤积的木料也全部被收买净尽。这些木料，为装饰圆明园和宫内太上皇帝宫殿（故宫外东路）用去一大批。在慈禧六十大寿和同治、光绪皇帝大婚后，已所剩无几。清廷重视紫檀家具，主要是三个原因，一是大修行宫别墅，因玻璃的大量应用，室内光线增亮；二是符合清统治者的审美趣味，对紫檀木十分爱好；三是西方艺术的精雕细琢风格的影响。紫檀木家具的兴起，产生了紫檀作工，即紫檀木家具的工艺。一般来讲，紫檀工艺是以老广作与造办处京作为基调，另外还有苏式紫檀工。

3｜紫檀家具的做工

明清两代制作紫檀家具极为讲究。明式紫檀木家具多以光素为主，偶有雕刻装饰，也不过是局部点缀而已。有些大件家具，为搬运方便，常采用活榫开合装置，接口严密，结构巧妙，各部件用料厚实，且做工精细，给人以坚实、稳重、圆润、细腻的感觉。这也是明式家具的典型特点。

对于紫檀包镶家具，也常采用光素手法，因为料薄不宜雕刻。在制作包镶家具时，先用柴木或其他硬杂木做成家具骨架，然后用紫檀木薄板四面粘贴，不露木骨，并且把薄板的拼缝处理在棱角的地方，不仔细观察很难看出破绽。

如果将器物抬起掂一掂，从器物大小和木质比重方面也能证实是否包镶。有些大件器物采用包镶手法，目的在于减少器物的重量以便于搬动，加上做工精细，仍不失为上品。也有的工匠出于经济目的，以少量碎料做出多件器物而采用包镶手法，这类家具大多制作不精，年长日久，胶质失效，会使包板脱落，影响

△ **紫檀如意长桌　清代**

长136厘米，宽40厘米，高80厘米

长桌紫檀木质地，桌面攒框装板，束腰打洼，雕连珠纹垂牙子，方腿直足内翻马蹄。此桌雕饰上繁下简相映成趣，造型稳重大方。

观瞻和使用。

清雍正乾隆时期，家具行业一改明代朴素大方的风格，喜好装饰繁琐的花纹，用以表示祥瑞、如意、福寿等内容。皇宫家具大都不惜工本，用大材以便雕刻各式纹饰，形成豪华和富丽堂皇的气氛，和明式家具形成鲜明的对比。

“博古纹”成为当时最为流行的装饰纹样，这是与当时的博古之风兴盛有关，在家具领域也不例外。而名贵木材中，紫檀表现古意最为成功，其中仿古玉纹饰者最多。

清中期以后，由于紫檀材料的日渐枯竭，人们开始用较为廉价的红木仿制紫檀家具，在早期的作品里，还能够寻觅到古玉器的风采。紫檀的雕工，很多时候完美光洁，犹如用模具冲压而成，形象特别鲜明。进入清末，紫檀大料难得，

△ **紫檀五面雕云龙小顶箱柜（一对）　清代**

长72厘米，宽37.5厘米，高135厘米

顶竖柜一对，通体紫檀木质。框架及柜门四框饰双混面双边线，柜门、柜肚、侧山及柜顶镶板，边起条环线，当中全部以高浮雕手法雕海水纹、云纹和龙纹，图案雕刻线条流畅，磨工也精。

有的大器，往往以小料拼合，然后雕刻花纹，不留衬地。这样做，既起装饰的作用，同时又掩盖了拼缝的痕迹。

所以，清代紫檀家具的光素，与明式紫檀的文人气质不同，它更多地展现了其工艺方面的特长，即费尽心机地节省材料，以攒插代替整挖，用小材拼出大料。

即使是宫廷式样的紫檀桌案，有的面板以不足赢寸的小料攒成，有的还间以黄花梨料，在炫耀其工艺的精湛之外，充分利用了材料，又消除了木材的压力，是清代紫檀木家具的特点。

4｜紫檀木的辨识

紫檀木作为特别名贵而稀缺的一种木材，紫檀家具的价格也是最高的，因此，对它的鉴定就显得尤为重要。鉴定紫檀木家具的真伪主要有以下几种情况。

晚清因紫檀木大料渐渐稀少，出现了一些碎料拼凑的紫檀木家具。如果是碎料拼板包镶后，再雕刻花纹的话，多属清末与民国时期，旧家具行专为赚钱而做的假古董家具。

以紫檀木制成的家具，它的面板料可能选用红木黑料替代，靠髹漆工艺技术将二者色泽融合一致。二者的原材料可做试验鉴别，将它们的刨花或木屑分别放置在盛有白酒的杯中，其酒变为紫红色的，称为紫檀木料，变为黑色的，称为红木黑料。

对于紫檀材质的鉴别，旧时古玩行里有不少传说。其实，商人们所说的紫檀，

△ **紫檀官皮箱　清代**

长37厘米，宽31厘米，高36厘米

此书箱选紫檀木精制而成，通体素作无雕饰，整器分箱体和底座两个部分，底座四角包铜，壸门式牙板光素，典雅精致。箱体内用隔板分为三层，打开箱盖，上为一层暗格，其下置大小三具抽屉，最后一层为一长抽，每具抽屉上设有鱼形铜拍子。箱门对开，制式规整。

△ **紫檀箱　清代**

长35.5厘米，宽20厘米，高14.8厘米

箱长方形，规格方正，全以珍贵的紫檀木为材制作而成，不事雕饰，而线条处理圆浑挺秀，白铜拷边。

是宫廷极品紫檀，即我们现在说的金星紫檀，最受研究者和收藏家的青睐。金星紫檀色泽深紫，纹理密布，细如牛毛，经打磨后纤维间闪现出灿若金星的光点。

有的家具由于表面附有厚厚的包浆，“牛毛纹”和“金星”都无法分辨。但这种家具特有的卓尔不群的宫廷风范，只要稍加辨认，还是不难鉴别。

所谓的鸡血紫檀也是紫檀的一种，但至今还不为一些收藏家认可。它没有“牛毛纹”和“金星”，并常常显现出大面积的黑红相间的色斑。

鸡血紫檀有时容易与红木混淆，但它在料性上不如金星紫檀，作为紫檀的木质特征还是远胜于红木，不管是在有雕饰纹样，还是光素的，均有着超越其他木质的独特特征。

民国紫檀出现在晚清至民国时期，与前两种紫檀相比，有明显的时代特征。民国紫檀的色泽黑中略闪灰黄色，家具的做工已完全摆脱了清代受外来影响形成的模式，更多的是晚清和民国的风格。另外因为民国紫檀性脆，因而光素者较有雕工者为多。民国紫檀家具由于不再是宫廷工匠所制作，所以宫廷气息几乎荡然无存，有的往往是世俗味道，不那么含蓄。

有一种勉强可称作紫檀的木料，一般称它为花梨紫檀。花梨紫檀出现时间大致与民国紫檀相当，甚至更晚一点，是商人们寻找的替代品，纹理粗糙，乌涂不亮，即便是旧物也难有包浆。

二　黄花梨家具的木材识别

黄花梨，是中国古典家具在材质上与紫檀木相提并论的珍贵木材，也是明代家具的首要木材。

黄花梨历史上并没有这种名称，只有花梨。20世纪20年代，著名的古建筑学家梁思成参与了组建中国营造学社，开始了我国对明式家具的研究。当时为了区分新老花梨，就将明式家具老花梨冠以“黄”字，称为“黄花梨”，从此才有了黄花梨这个名称。

花梨又叫花榈，因其纹类狸斑，又名“花狸”。现在我们称黄花梨，一般是指明末清初时的花梨木，它的心材为深褐红色，边材淡黄至黄色，颜色外浅里深，木材肌理细腻，并间着深褐色斑纹和木材的淡黄色调对比，形成优美的纹路，充分表现出木质的天然之美。黄花梨的色泽不静又不喧，纹理若隐若现，行

△ **黄花梨五屏式镜台　明万历**

长62.8厘米，宽37厘米，高69厘米

台座为五屏风式，透雕花鸟纹。屏风脚穿过座面，植插稳固。中扇最高，向左右递减，并以此向前兜转。搭脑挑出，头饰龙头。台座为柜式，设抽屉五具，横枨下有曲形牙板，并刻卷草纹。

若流云。黄花梨的木结，圆晕如钱，大小相错，极为美观，妙不胜言。

黄花梨之所以成为古代家具首选之木，不易变形，是个重要的原因。木材的膨胀收缩是影响家具优劣的直接原因，而在中国古典家具制材上，黄花梨的缩胀率最小，在北方的气候环境下，它的缩胀率大约在百分之一左右，尤其是在皇宫冬天使用火炉烘烤的情况下，它仍能保持较稳定的缩胀性，这就使黄花梨家具充分显示出其不同凡响的特色。

△ **黄花梨小柜　明代**

高53厘米

黄花梨的手感温润，也是它的优点之一。明代的黄花梨家具，主要是提供给宫廷及达官显贵们使用，地理环境以北方为主。到了冬季，紫檀木的硬度高，握在手中感觉冰凉，有刺激。而黄花梨由于硬度适中，手感温润、细腻，没有那种冰凉感，非常适应上层生活的需要，也给黄花梨家具带来了无可替代的优越性。

黄花梨的主要产地以我国广东省与海南省为主，明初王佐增订《格古要论》讲到：“花梨出南番广东，紫红色，与降香相似，亦有香。”所以，广州称黄花

△ **黄花梨轿箱　明代**

长74厘米，宽18厘米，高13厘米

此轿箱箱面独板，四角饰如意纹铜包角，盖边起阳线。为使其牢固，箱身四角与箱身下部侧面均包铜饰件，前脸中部镶铜质拍子、钮头、吊牌，箱底缩进，呈反向凸形，以适应轿子形状，保证轿箱使用时不晃动。

梨为“降香”。1956年侯宽昭主编的《广州植物志》，将海南岛的降香花梨称为“海南檀”，实际上它就是有别于新花梨而专指传统意义上的黄花梨，于是“海南檀”成了黄花梨的学名。1980年成俊卿主编的《中国热带及亚热带木材》一书，又对侯宽昭有关黄花梨的定名作了修正，定为“降香黄檀”。其理由是：“本种为国产黄檀属中已知唯一心材明显的树种。”“心材红褐至深红褐或紫红褐色，深浅不均匀；常杂有黑褐色条纹。”

黄花梨是仅次于紫檀的名贵之木，今天能见到的正宗的黄花梨家具，基本上都是清乾隆年以前生产的，一般来讲都归属于明式家具，它的主要产地应该是苏州地区。明代比较考究的家具多用黄花梨木制成。黄花梨木的这些特点，在制作家具时被匠师们加以利用和发挥，一般采用通体光素，不加雕饰，从而突出了木质纹理的自然美，给人以文静、柔和的感受。到了清雍正、乾隆以后，色泽浓重的紫檀取代了黄花梨，由于广式家具在此时起到的主导地位，再加上清前期大量使用黄花梨，所以木源枯竭，于是黄花梨就从中国家具舞台上隐退了下来。今

△ **黄花梨独板小翘头炕案　明末清初**

长97.1厘米，宽25厘米，高44厘米

黄花梨木炕案，采用夹头榫结构，独板带翘头，浑厚庄重。

此案最引人注目的地方在其外撇的香炉腿，足端浮雕如意云头纹，线条流畅，点缀出一抹俏丽，使此案增色不少。

◁ **黄花梨带抽屉橱柜　明代**

长85厘米，宽56厘米，高87厘米

此橱柜造型简洁素雅，用料厚重，装坠角。柜门平装不落膛，左右花纹对称，系一木对开而成，有闩杆。

▷ **黄花梨云龙纹大笔筒　明代**

直径21厘米，高17厘米

此笔筒体形硕大，敞口束腰，木质纹理清晰，包浆自然厚润，浅浮雕技法，四面开光绘灵芝云头纹，内雕云龙，造型古朴典雅。

◁ **黄花梨轿箱　明代**

长75厘米，宽19厘米，高14厘米

此轿箱黄花梨制成，素面不施雕饰，箱盖微向上拱起，边缘起阳线。四角立墙平镶白铜包角，箱盖四角镶云纹包角。轿箱正中镶圆铜活，云头拍子，箱内有活动式平盘，两端带拍门小侧室。

天，还能见到不少小件黄花梨器具，例如小插屏、盒匣、笔筒等，尤其是黄花梨笔筒很负盛名。

目前市场上流通的所谓“黄花梨”，绝大多数为越南花梨、老挝花梨、缅甸花梨、柬埔寨花梨等，其色彩纹理与古代家具中的黄花梨稍有接近，但推丝纹极粗，木质也不硬，色彩也不如海南黄花梨鲜艳。通过对木样标本进行比较，在众多黄花梨品类中，当首推海南降香黄檀为最。

海南降香黄檀主要生长在海南岛的西部崇山峻岭间，木质坚重，肌理细腻，色纹并美。东部海拔度低，土地肥沃，生长较快，其树木质既白且轻，与山谷自生者几无相同之处。

△ **黄花梨龙纹方桌　清早期**

边长90厘米，高87厘米

方桌黄花梨满彻，马蹄腿罗锅枨，壸门牙板浮雕灵芝和相向的螭龙纹，桌腿上部和牙板相交处雕云纹包角。这张方桌造型规整，牙板的曲线非常优美，雕饰活泼可爱。

三 铁力木家具的木材识别

铁力木是中国家具制材中的主要木材之一，又可以写作“铁梨木”或“铁栗木”，《广西通志》又称它为“石盐”“铁棱”。它主要产于我国的广东、广西和云南等省，木性坚硬、沉重，色呈紫黑。人们认识铁力木的历史很早，《格古要论》记载：“东莞人多以作屋。”《广东新语》也说：“广人以作梁柱及屏障。”由此可见木料较大。铁力木最初是用于建筑，明代由于铁力木料大，质坚，人们常用于造船、盖屋、造桥。据说郑和下西洋的座船桅杆，就是用铁力木制造。上了年纪的老上海，还记得上世纪外国冒险家为了炒作上海南京路的地价，曾在这条路上铺了一层红木，以显示黄金地段的珍贵，其实，它并不是红木，而是来自南方的铁力木。

铁力木属于热带常绿乔木，除中国两广以外，在东南亚及印度东部都有出产。在缅甸称为“铁木”。陈嵘编写的《中国树木分类学》中称：“铁力木，常绿乔木，树干直立，高可十余丈，直径达丈许，原产东印度。”

铁力木家具在明清家具中一直充当着默默无闻的角色，它的存世数量不能算少，但在有关专著中，其数量总是控制到最少。尽管专家学者们都对它不乏赞美

△ **铁力木大供案　明代**

之词，可实际上，铁力木家具的地位一直很低，没有得到应有的重视。

铁力木家具在硬质木材家具中价格最低廉。史书记载，南方一些地区多用铁力木盖屋，这在其他硬木家具用材中是没有的情况。价格昂贵的紫檀、黄花梨、鸡翅木、红木等在历史上没人用来盖房，除去价格因素外，木材本身条件也有所限制，譬如紫檀、鸡翅木等。

在明式家具中，铁力木家具以其厚重拙朴的风格表现着自己。由于它树种高大，故大料易得，常见宽厚无比的独板，制成的条案雄伟壮硕，显得别具一格。

1 | 铁力木的辨识

在硬木家具中，铁力木属最易辨识的木材。铁力木在历史上价值一直不高，过去极少有人作伪，也不见有商人寻求替代品，所以铁力木没有黄花梨、紫檀、鸡翅木等名贵木材常遇见的作伪问题。铁力木生长在中国最南边，广东广西均有，可分为两种，粗丝铁力木与细丝铁力木。

粗丝铁力木是家具的主要用材，色深棕，有时使用过狠会呈现黑色。粗丝铁力木常常皲裂，但裂纹一般很浅，长度不会超过20厘米。棕眼随木材截面方向不同，忽长忽短，有时还有绞丝状，并分布随意不匀。

整体看铁力木，木纹通畅，经常呈现出行云流水般的纹理，甚至美丽的纹饰接近鸡翅木，但它与鸡翅木有本质的不同，即鸡翅木体轻，铁力木体重；鸡翅木棕眼平滑无碍，铁力木棕眼丝丝入肉。

细丝铁力木相对较少，一般来说，它与粗丝铁力木的比例是十比一。使用细

△ **铁力木广式大方凳（一对）　清代**

边长49厘米，高51.5厘米

此方凳成对形制，保存完好，凳面方形，束腰，抛牙板，马蹄足，弓字档，造型敦厚，纹饰简洁。

丝铁力木制作的家具样式显得纤秀一些，造型也年轻，故可以推测细丝铁力木使用得较晚。细丝铁力木的纹理有时类似鸡翅木，但细观则可分清。使用得过久过狠，包浆好的铁力木家具猛一看很像红木，但禁不住仔细观察，所以铁力木的认定不是难题，稍加学习，即可辨识。

优秀的铁力木家具在清中叶以后急剧减少，其原因是名贵家具的商品化倾向日益加重，油红明亮的红木家具登上历史的舞台，质拙的铁力木家具在商业的冲击下，得不到浮躁社会的青睐，所以走下坡路是在所难免。

2 | 铁力木家具的做工特点

所有古代家具的做工都受木质本身的限制，这已成为不存争议的法则。在古代，木质自身的物理特性虽没有科学数据，但工匠在长期的实践中，慢慢知晓了木性。经过工匠与文人一同摸索，他们知道，顺应者昌，逆反者亡。每种木质的内在性格，是保证家具成功的前提。

比如承重家具一定要用硬质木材，船载家具最好挑选轻质木材。同为硬质木材，有易于雕刻和不易雕刻之分，有坚韧和硬脆之别，凡今天常见的古代家具，不论一般用材，还是优质用材，都已被古代工匠充分利用个性，成为体现工艺的实证。

铁力木家具在作工中明显与其他硬木家具有区别，仔细观察，就会发现它的个性，像紫檀一样，凡用此制作家具者，一定要求工匠显示出紫檀的高贵，而这种高贵完全由紫檀自身的物理性能所显示，与要求关系不大。这也就是利用红木仿紫檀常露出马脚的根本缘由。

铁力木在硬木中属于粗质材，树大而多，材料不贵，其物理性也不算好，性韧，易皲裂，纤维长而不易切断，故不易雕刻，打磨也十分费力。鉴于此，工匠在制作铁力木家具时，一定要扬长避短，充分利用其长处，使铁力家具在古拙淳朴的基调下独树一帜。

铁力木家具的作工特点主要体现在以下几个方面。

一是不吝惜材料的使用。因铁力木价廉易得，又属大型树种，所以铁力木家具从不惜材料，独板案子常见，故宫所藏翘头大案即为代表。一般的硬木家具，一定要计算材料成本，而铁力木家具似乎不考虑这些，腿足能挖缺处决不粘贴，桌案中常见独芯板，从不将就材料。

二是不讲究精雕细刻。铁力木纤维粗长而不易切断，横向走刀极易起茬，而且纤维跳出木质，俗称起手刺，遇到这种情况连磨光都很不容易。粗韧的木性使工匠对铁力木雕刻望而却步，但又不能将所有铁力木家具都做成素的，在必须起阳线，或少事雕工时，工匠一定将纹饰留粗，这种粗阳线在其他硬木家具中从未见过。

三是不善于创新。铁力木家具的历史很悠久，其做工中许多手法一看就很古老，铁力木家具的变化似乎比其他家具要慢一些，地域偏狭是主要原因，展现自我，恐怕是另一原因了。

3 | 明清铁力木家具的特点

毫无疑问，明朝已经制作大置的铁力木家具了。由于该树种为中国南方土生土长，官府民间都在大量使用，或盖房，或制作与生活不可分开的家具。从已知的铁力木家具来看，典型的明式风格的家具比比皆是，而且最为拙朴，意趣高古。

北京故宫博物院藏有一铁力木大翘头案，尺寸之巨，非常罕见。此案做工讲究，独板为面，板厚10厘米、宽50厘米、长达343厘米。面板背面挖以凹槽，用以减轻分量。其做工很常见，夹头榫，底足加托子，挡板中置独板锼成的如意云头，倒挂于腿部横枨之间；牙板纹饰采用象首纹，眼鼻可见，相背而对称，构成类似云头图案；腿部混面压边线，不事雕工。大案板面背部阴楷书铭文十字：崇祯庚辰仲冬制于康署。康署今为广东省德庆县，崇祯庚辰为1640年。此件铁力木家具是最负盛名的一件，早在1944年就被收入古斯塔夫·艾克所著《中国花梨家具图考》一书。中国古代家具中带有明确纪年的本身就不多，目前仅发现这一件，而且又具有产地，弥足珍贵。

这件大翘头案，非常典型地代表了明式做工的铁力木家具风格。首先是用材壮硕，长宽厚都照顾到了，在材料上无一将就之处。其次是做工粗犷，除牙板上必要的装饰外，其他不做雕工装饰，以显示铁力木独有的特性。再有就是总体设计，文人成功的设计是在铁力木内在性格的前提下完成的，它包括了长材大料、纹理顺达、色泽幽暗、不易精雕细琢等特点。这些是铁力木家具的精神核心，非常隐晦，不易察觉，但古代的工匠与文人一道，经过长期的观察与摸索，将铁力木的优点充分发挥出来。

再看一件铁力木夹头榫大画案。此件画案为活插形式，极容易分解成为四块，即面板一块、腿两组、牙板一圈。具体步骤为：把案面用力向上抬起，即可将牙板整体提出，腿部与横枨立刻变成两组。此案在明式家具中属可组装品种，俗称“活插”。

明式家具中的“活插”家具一般均为案类，以夹头榫结构为主，偶尔有插肩榫的。夹头榫结构的案类家具，设计巧妙，利用了木性的特点，变复杂为简单，虽简单却又实用。这件大画案属铁力木家具的精品，体积壮硕，因而“活插”；冰盘沿采用素平面，属于最为简单的处理；腿部看面略有弧度，刚中见柔；横枨方材，一上一下，上枨采用罗锅枨形式，避免了呆板，下枨取直，强调变化；牙板顺势起了手指头宽窄的阳线，与画案整体风格协调一致。

观察此案，明式铁力木家具的风格一目了然，造型与做工的完美统一，非铁力木家具不能存在。换句话说，黄花梨或紫檀根本不可能有类似做工的大案。我们可以想象，完成这样一件设计与工艺上炉火纯青的大画案，绝不可能是某位工匠灵机一动制作出来的。它显然饱含多少文人墨客、能工巧匠的智慧，并经过历史严格的筛选而保留至今。

铁力木制作的香几、火盆架等较多，五足香几是著名的一例。香几面板为独板，厚达5厘米，高束腰，矮柱分隔，脚部粗硕，曲线变化较小，因此透着古拙气息。香几在古代大部分为供奉之用，明朝绘画作品中时有所见，以此香几推断，将大号铜香炉置放其上，陈设供会，相得益彰。古代匠师注意到，凡圆形家具，腿部单数比四足容易取悦。原因是四腿圆桌从正面看去，两侧缺圆，视觉感不舒服，而五足或三足即可克服上述缺陷，如果足增至六足以上，两侧缺圆的现象就会变得很小，不会影响审美，设计并制作此件五足香几的工匠显然精通此道。

铁力木做成的柜子多为圆角柜（面条柜），制成方角柜十分少见，这与铁力木的古拙应该有关。古代家具中的柜类，圆角柜最古，这类被当今学者和收藏家视为最为成功的储物大柜，从科学角度审视也十分成功。上小下大的造型，增强了视觉的稳定感。柜子置于水平时，由于正面及侧面都为梯形设计，重心一定偏里，柜门开启后，松手即可自动关闭，十分神奇。这种利用力学原理的家具设计，充分显示了古代文人与工匠的才华。

很多铁力木家具至今很难分清“孰明孰清”，原因是铁力木家具本身的古拙之风。明朝至清朝的分界线是1644年，界限清晰，而家具由明式演变成清式则是个渐变过程，谁也无法看清其轮廓线。而且铁力木家具比其他木种家具似乎变化

△ **铁力方凳（一对）　清代**

边长48厘米，高54厘米

得更慢，抱着古拙的原则，轻易不做改变，使得铁力木家具在入清以后，很长一段时间保持旧制，有意无意地强调着自身的风格。

四　鸡翅木家具的木材识别

鸡翅木也是一种高档的家具制材，是中国传统家具最常见的木材之一。

鸡翅木又称“杞梓木”或“杞梓木”，因其木纹酷似鸡的翅膀，因此而得名。鸡翅木的历史很早，它产于东印度，我国广东省、海南省、福建省也出产这种木材。屈大均在《广东新语》中将鸡翅木称为“海南文木”，其中讲到有的白质黑章，有的色分黄紫，斜锯木纹呈现细花云。子为红豆，又称“相思子”，可做首饰，因此又有“相思木”和“红豆木”之称。另据《格古要论》记载：“鸡翅木出西番，其木一半紫褐色，内有蟹爪纹，一半纯黑如乌木。有距者价高，西番作骆驼鼻中绞子，不染肥腻。常见有做刀靶，不见其大者。”

鸡翅木历来以其纹理美丽而著称，其木质纹理有如鸡禽之翅纹，有的如火重叠燃烧之势，还有的如山水飘渺。木纹间有无数排列整齐的白斑点，像鹧鸪翅的花纹。鸡翅木有老、新之分，据北京家具界老师傅们讲，新鸡翅木木质粗糙，紫黑相间，纹理混浊不清，僵直呆板，木丝容易翘裂起茬儿。老者肌理细腻，有紫褐色深浅相间的蟹爪纹，细看酷似鸡的翅膀。尤其是纵切面，木纹纤细浮动，变化无穷，自然形成各种山水、人物、风景等图案。与花梨、紫檀的色彩纹理相比较，鸡翅木又独具特色。实际情况是，新、老鸡翅木是“红豆属”植物的不同品种，所以新、老鸡翅木的说法显然也不科学。据陈嵘《中国树木

△ **鸡翅木镶红木三抽桌（配有铜质锁和拉手）　明代**

分类学》介绍，鸡翅木属红豆属，计约40种。侯宽昭《广州植物志》则称共有60种以上。我国产26种，有的色深，有的色淡，有的纹美，有的纹差。

这里所说的新、老鸡翅木，一般以清中期划分，特别是明代的老鸡翅木家具，在明式家具中占有重要的地位。

鸡翅木另外一个特点是无棕眼纹络，用手抚之，非常平滑，无受挡感，用它制出的家具，使用起来非常顺手。民国以后以及最近几年中，市场上大量充塞了新鸡翅木，体重而色黑，质粗而纹僵，与老鸡翅木相差甚远。另外，在铁力木中有一种棕眼细小的品种，手感也平滑，常常会被误认为是鸡翅木，这就需要细致的观察了。

真正好的鸡翅木是老鸡翅木，纹理紫褐相间，淡雅高洁，无棕眼纹路，用手抚之平滑无挡，分量较轻，传世家具多在清乾隆之前，造型多有高古风格，存世量极少，深得收藏家的钟爱。明清时期鸡翅木家具的数量远不如紫檀、黄花梨多，但其纹理独特，名气之大令人神往，古代文人墨客、达官贵人无不以拥有鸡翅木家具为时尚。

△ **鸡翅木四椅二几　清代**

椅：长53厘米，宽42厘米，高92厘米

几：长41厘米，宽31厘米，高80厘米

本套由四椅二几组合而成，品相良好。椅为灯挂式，背靠饰双龙、蝙蝠和卷草，嵌大理石。几为方台腿，中设隔板，不事雕饰，素雅沉静。

五
乌木家具的木材识别

乌木是一种黑色的硬木，它也是传统家具中一种较为珍贵的木材。

乌木的使用历史可追溯到晋朝以前，晋朝的崔豹在《古今注》中说道："乌木出波斯国。"由此可见，我国最早使用的乌木是从国外进口来的。当时随丝绸之路的货队，万里迢迢从中亚运进中国，其身价肯定很高。当时是否用来加工家具，既无史书记载，也无出土实物可佐证。乌木在古代的称呼也不少，《诸蕃志》称其为"乌樠木"，明黄省曾所著《西洋朝贡典录》里又叫"乌梨木"，还有叫"乌文木"的。

乌木属柿科植物，是热带常绿亚乔木，叶似棕榈，叶长椭圆形而平滑，花单性，淡黄，雌雄同株。其木坚实如铁，老者纯黑色，光亮如漆，可为器用，人多誉为珍木。

△ **乌木绿石插屏　明代**

高47厘米

我国也有乌木出产，《南越笔记》记载："乌木，琼州诸岛所产。"在我国的海南省、云南省及两广地区都有乌木树源。乌木像红木一样，它的品种很多，并非指一种树木。《南越笔记》记载："乌木，琼州诸岛所产，土人折为箸，行用甚广。志称出海南，一名'角乌'。色纯黑，甚脆。有曰茶乌者，自做番泊来，质甚坚，置水则沉。其他类乌木者甚多，皆可作几杖。置水不沉则非也。"明末方以智在《通雅》称乌木为"焦木"，曰："焦木，今乌木也。"又曰："木生水中黑而光。其坚若铁。"可见乌木可分数种，木质也不一样，有沉水与不沉水之别。历史上除了南洋群岛及中亚地区有出产外，在非洲也有大量的乌木。聪明的非洲艺人，用它来雕刻成一件件形态古拙，造型传神的艺术品，或人物，或走兽，千姿百态，成为世界艺林的瑰宝。

由于乌木色黑，一般纹理不明显，像红木一样，很沉重，能沉于水，质地坚硬，有坚实如铁之称。但乌木性脆，易裂，成器的乌木表面常见细碎裂口。乌木一般大料很少，所以乌木家具并不多，格外珍贵，大多是一些小件盒子之类的东西。乌木的芯材色黑如墨，发亮，永不褪色，浅色木材砍伐后，放在水里浸泡一段时间，就会变黑。乌木的纹理极为细密，在家具制作中，常常是以镶嵌装饰而著称，例如与黄花梨等浅色木材搭配，一冷一暖，对比色彩效果很有情趣。

乌木树径小，它更多用来做雕刻品。乌木雕归属古玩杂项，常见的大多是吉祥之物，如象、羊、龙等。另外，它还可做日常生活用品。用乌木做筷子很有名，《红楼梦》中就有关于三镶乌木银筷子的描写，这是一种很高档的餐具。民间比较多的是两头包银，现在古玩市场常能见到。平民百姓家的乌木筷，就像是竹筷一样，并无装饰。另外乌木还是制作民族乐器的良材。

与乌木相似的，还有一种“栌木”，有时两种木材通称为一类，《滇海虞衡志》记载：“乌木与栌木为一类。”

六 红木家具的木材识别

红木是中国古典家具用材最广泛的一种硬木，是一种家喻户晓的高档木材。

对于红木的称呼，各地不尽相同。长江流域及北方统称为红木，而广东省则称为“酸枝”，因为木材初次锯开时，会散发出一种辛香，闻之有酸味，故名。红木在海南省被称为“荔枝母”，其因不明。在我国台湾地区红木又被称为“檀木”。成书于民国年间的《古玩指南》在第二十九章说：“凡木之红色者均可谓之为红木。惟世俗所谓红木者，乃系木之一种专名词，非指红色木也。”

关于红木，历来只知其木，而对其树了解不多，《古玩指南》说红木只是木的一种，究竟是何等模样的树木，并没有说明。王世襄在《明式家具珍赏》一书中收录了三件红木家具，但对红木也没作介绍。而各种介绍红木的文章，说法也各不相同，所以对红木的研究，可以说远不如其他珍贵的硬木。

现在公认的红木是一种热带常绿大乔木，叶长椭圆形而尖，花五瓣，色白，

△ **红木竹节供桌　明代**

长72厘米，宽72厘米，高82厘米

此供桌桌面四方，通体竹节工，加盖时可作一般桌子使用，桌面上刻有棋盘，相对设有角箱，可放棋子，兼具餐饮和娱乐双重功用，颔部设抽屉，面饰高浮雕竹石纹，添典雅之气。

微赭。红木的年轮都是直丝状，棕眼比紫檀大，通常的颜色以深红色为佳品。按质量有油脂、清脂、红脂与白脂之分。油脂质量上乘，开锯时锯末细如粉状，质地和紫檀相似。红木初伐时，其芯材一般为深赭红色，随着放置时间逐渐在空气中氧化而呈暗红色。红木产于热带与亚热带地区，印度、越南、泰国、孟加拉与缅甸等国都有出产，其中以印度与泰国的质量最上乘，俗称“印红”与“泰红”。

现在传世的老红木家具，大多用此两地的红木制作。另外，我国的两广、云南省与福建省也有出产，但材质不如南洋诸国，木纹较疏，色泽也稍浅。

在硬木中，红木的颜色介于紫檀与黄花梨之间，重量也是，它的木质仅次于紫檀。由于红木的产量极大，来源丰盛，所以红木家具的产量也大。在制作家具时，多取最精美的部分，舍弃疵劣者，所以红木清晰如行云流水的纹理，细腻如紫檀的木质，使它在家具制作上，大有用武之地，从而使红木家具普及千家万户。正因为上述的原因，人们就将硬木家具统称为“红木家具”。

由于红木家具的用材，有多种不同的名称和类别，因而一般叫作红木的家具在用材上体现的品质和价值也有着很大的区别，所以，在收藏红木家具时，应该首先正确识别家具采用的是什么材质的红木。现简要介绍一下红木的主要品种。

酸枝木是热带常绿大乔木，产地主要有印度、越南、泰国、老挝、缅甸等东南亚国家，原先在我国福建、广东、云南等地也有出产。酸枝木有多种，为豆科植物中蝶形花亚科黄檀属植物。在黄檀属植物中，除海南岛降香黄檀被称为“香枝”（俗称黄花梨）外，其余尽属酸枝类。

酸枝木大体上分为三种：黑酸枝、红酸枝和白酸枝。它们的共同特性是，在加工过程中发出一般食用醋的味道，由于树种不同，有的味道浓厚，有的则很微弱，故名酸枝。酸枝在广东一带使用较广，长江以北多称此木为“红木”。严格说来，红木之名既无科学性，也无学术性，它是一些人在对各种木材认识不清的情况下的误称。在三种酸枝木中，以黑酸枝木最好。其颜色由紫红至紫褐或紫黑，木质坚硬，抛光效果好。有的黑酸枝与紫檀木极接近，常被人们误认为是紫檀。惟大多纹理较粗，不难辨认。红酸枝的纹理较黑酸枝更为明显，纹理顺直，颜色大多为枣红色。白酸枝颜色较红酸枝要浅得多，色彩接近黄花梨，有时极易与黄花梨相混淆。目前市场上新仿家具中，有大量的黑酸枝制品被当作紫檀木制品出售，有经验的专家有时也难分清，广大收藏爱好者则更难分辨了。近年来，国内有人从马达加斯加共和国进口大批优质木材，一直在出售，开始都认为是紫檀，但经过多方考证，其实是黄檀属中的一种黑色木材，学名为“卢氏黑黄檀”。因此马达加斯加国家林业研究所还特地给我国林业部门发来公函，说明马达加斯加根本不产紫檀，该国出口的优质木材，包括出口到中国的木材，均为“卢氏黑黄檀”。

在黄檀属木材中，有不少品种的颜色呈紫黑色或紫红色，其硬度也不亚于纯正的紫檀木，有的的确可以和紫檀相媲美，不失为是传统家具的上等美材。酸枝

△ **红木云石茶台　明代**

直径67.5厘米，高77.5厘米

此茶台精选红木制作，造型典雅，包浆浑厚。桌面镶嵌大理石板心，自然雅致，边框抹边，牙板光素，面下置罗马式立柱，卷草足。

△ **红木嵌大理石半圆桌　清代**

长83厘米，宽42厘米，高80.5厘米

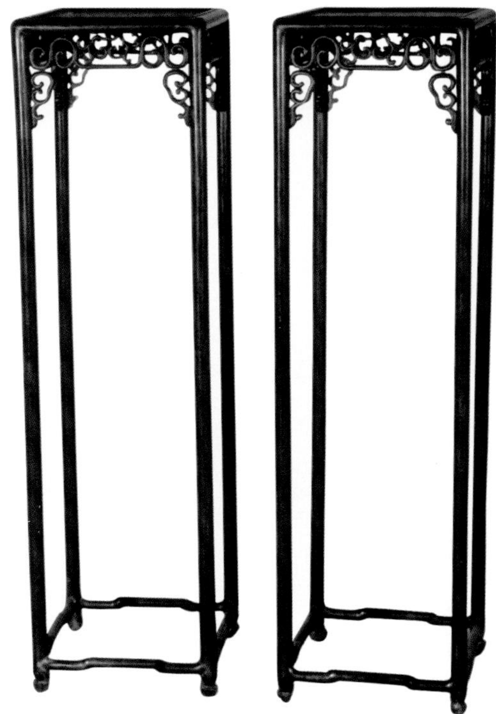

△ **红木花几（一对）　清代**

边长36.5厘米，高134.5厘米

几面正方内凹，四条圆柱腿，颀长挺拔。镂空牙板，饰草龙纹，下饰弓字档。

是清代红木家具主要的原料，用酸枝制作的家具，即使几百年后，只要稍加揩漆润泽，依旧焕然若新，足见酸枝木质的优良。

酸枝北方称“红木”，江浙地区称“老红木”，故酸枝家具除广东地区外，几乎都称红木家具或老红木家具。清代的红木家具很多是酸枝家具，即老红木家具。尤其是清代中期，不仅数量多，而且木材质量比较好，制造工艺也非常精美。在现代人的观念中，它是真正的红木家具。而且，酸枝家具经打磨髹漆，平整润滑，光泽耐久，给人一种淳厚含蓄的美。

红木家具有着它特有的优点，材质坚而重，木质细而密，制成家具后经刮磨、髹漆、打蜡等工艺处理后，其表面平整如镜，光彩照人，抚摸细滑清凉，色泽深老沉着，具有一种含蓄而华贵隽永之美。这种华贵之美，随着使用时间的推延，会越用越精彩，产生一种玻璃质的光泽，俗称“包浆”。另外，红木的防腐蚀与防蛀性很强，制成的家具经久耐用，只要不是人为的损伤与破坏，越用越亮，使用几十年、几代人是决不成问题的。由于红木家具的这些珍贵性，在民间百姓家中，红木家具总是与家产财富联系在一起的。

中国历史上的红木家具，最早出现于清中期，大量出现则是在清后期的事。造成这种现象，主要原因是紫檀木来源枯竭，在众多的硬木中，最接近紫檀的质地、色泽当数红木了。所以人们利用红木来仿紫檀家具，取得了最佳的效果。直至今天，在部分江南地区，上了岁数的老人还称红木家具为紫檀家具。由于红木接近紫檀的缘故，到了清末民国时，广式家具中的红木家具大量出产，人们也称它为“酸枝家具”。清代的广东酸枝家具，将外来的西欧洛可可式家具的雕刻风格，推上到登峰造极的地步，聪明的工匠简直是在完成一件雕刻品，制成的“洋装家具”几乎找不出一块未经雕刻装饰过的部位，令人叹为观止。

民国时期，江南的红木家具业也得到了空前的发展，在原先的苏式作工基础上，又派生出上海式、常州式、温州式等流派，并涌现了一批名店名号，例如上海的乔源泰、陶元泰、尊古斋。另外，在红木家具业内，又分“本庄”与“洋庄”，本庄以国内为市场，洋庄以外销为主。

总之，红木家具是中国硬木家具中数量最大、最普及的高档家具，它非常接近普通百姓，存世量最大。目前在古董家具收藏热潮中，唱主角的也应该是它。这是因为存世的紫檀、黄花梨家具，数量既稀少，价值又高不可攀。

△ **红木官帽椅（一对）　清代**

宽60厘米，深47厘米，高117厘米

七
瘿木家具的木材识别

瘿木也称“影木”“英木”，与其他木材不同的是，它不是一种树材，而是泛指带有盘根错节的结巴与病瘤的树木，故称为瘿木。

几乎所有的树木都有瘿结，但能作为家具用材的瘿木并不多。常见的有花梨瘿、楠木瘿、桦木瘿、榆木瘿、柏木瘿等。各种不同的树种，在不同的生长环境下，形成了不同的纹理特征。《格古要论》在瘿木条记载：“瘿木出辽东、山西，树之瘿有桦树瘿，花细可爱，少有大者；柏树瘿，花大而粗，盖树之生瘤者也。国北有瘿子木，多是杨柳木，有纹而坚硬，好做马鞍鞒子。”可见瘿木又有南、北之分，北方多榆木瘿，南方多枫木瘿。

《博物要览》卷十记载：“影木产西川溪涧，树身及枝叶如楠，年历久远者可合抱。木理多节，缩蹙成山水人物鸟兽之纹。”《格古要论》中有骰柏楠一条，

△ **瘿木官皮箱　明代**

长33厘米，宽20厘米，高17厘米

曰："骰柏楠木出西蜀马湖府，纹理纵横不直，中有山水人物等花者价高，四川亦难得，又谓骰子柏楠，今俗云斗柏楠。"按《博物要览》所说瘿（影）木的产地、树身、枝叶及纹理特征与骰柏楠相符，估计两者为同一树种，即楠木瘿。

瘿是树木病态增生的结果。由于它长得奇形怪状，天趣盎然，古人常用它的天然造型来制作各式器物，非常别致，例如笔筒、笔架、水盂、碗瓢等。这

△ **瘿木嵌象牙挂屏　清代**

宽72厘米，宽86厘米

些天然的器物深得文人雅士的钟情。还有的以树瘿来造型，如著名的供春壶，就是以瘿造型。历史上对瘿的偏爱，反映了人们回归自然的心理，同时也给瘿木造就了深沉的文化内涵。瘿木在家具制作上的运用，就是这种文化内涵的发展。

瘿木是瘿结剖开后的木材，由于受到瘿瘤生长的变化，形成了绞曲美观而又变化无穷的纹理，具有极高的装饰性。所以，瘿木在家具上的最主要功能是起装饰作用。因它的质地不同，可分“软瘿”与“硬瘿”；从木纹图案上又可分为“葡萄瘿”“核桃瘿”“山水瘿”“芝麻瘿”“虎皮瘿”“兔面瘿”等，品种繁多。最常见的是楠木瘿，这种树瘿大多产自四川，它的来源广，面积大，历来是苏式家具的装饰材料，早在明式家具中就有运用，清中期后大量出现在红木家具上，多被用作桌芯、椅背芯与柜门芯。这种工艺成为苏作家具的一大特色，橙黄的色纹与红木的深沉巧妙配伍，相映成辉，秀妍华丽。瘿木板强度较差，苏作用它作芯板时，采用“井”字托带，以增强承受力。

《古玩指南》中提到：“桦木出辽东，木质不贵，其皮可用包弓。惟桦木多生瘿结，俗谓之桦木包。取之锯为横断面，花纹奇丽，多用之制为桌面、柜面等，是为桦木瘿。”

《博物要览》介绍花梨木时说：“亦有花纹成山水人物鸟兽者，名花梨影木焉。”可见瘿木的取材，有的取自树干，有的取自树根。《格古要论》“满面葡萄”条云：“近岁户部员外叙州府何史训送桌面是满面葡萄尤妙，其纹脉无间处云是老树千年根也。”至今还时常听到木工师傅们把这种瘿木称为桦木根、楠木根等。大块瘿木多取自根部，取自树干部位的当属少数。

由于瘿木纤维纷乱，纹理扭曲，易脆易裂，一般不能单独制作家具，除苏作家具用作芯板外，广作家具则常用来作镶嵌材料。因它的纹理扭曲旋转，工匠们又称它为“猫眼木”。广作家具镶嵌的瘿木，大多是进口的花梨瘿木。

树木生瘤本是生病所致，故数量稀少，大材更难得。树木生瘤是任何一种树都有可能的事，但生瘤的树毕竟是少数，相比之下它比其他木材更为难得。所以大都用为面料，四周以其他木料包边，世人所见瘿木家具，大致如此。瘿木得来不易，尤其是上等瘿木更难，所以好的瘿木十分珍贵。在家具中，同样的家具，有没有瘿木身价大不相同，尤其是那些以摆饰为主的家具，更是以有瘿木而升值。由于瘿木的质地决定，用它来作桌芯时，常常采用三镶工艺，例如三镶瘿木面琴桌等。

近年来随着瘿木大量的砍伐，新瘿木上市很多，除装饰家具外，还用来制作笔筒、盒匣、木盘等小件木器，同样受到爱好者的欢迎。

八 楠木家具的木材识别

楠木是中国古典家具中重要的木材之一，是一种软质木材，也是珍贵的树种。楠木，又写作“枏”。它产于我国四川、云南、广西、湖南、湖北等地。

据《博物要览》记载：“楠木有三种，一曰香楠，二曰金丝楠，三曰水楠。南方多香楠，木微紫而清香，纹美。金丝楠出川涧中，木纹有金丝，向明视之，闪烁可爱。楠木之至美者，向阳处或结成人物山水之纹。水楠色清而木质甚松，如水杨，惟可做桌、凳之类。”

《古玩指南》记载：“楠木为常绿乔木产于黔蜀诸山，高十余丈，叶为长椭圆形。经冬不凋，花淡绿色，实紫黑。其材坚密，芳香，色赤者坚，白者脆。”

《群芳谱》记载：“楠生南方，故又作‘南’，黔蜀诸山尤多。其树童童若幢盖，枝叶森秀不相碍，若相避。然叶似豫樟，大如牛耳，一头尖，经岁不凋，新陈相换。花赤黄色，实似丁香，色青，不可食。干甚端伟，高十余丈，粗者数十围。气甚芬芳，纹理细致，性坚，耐居水中。子赤者材坚，子白者材脆，年深向阳者结成旋纹为骰柏楠。”

《格物总论》还有“石楠”一名曰：“石楠叶如枇杷，有小刺，凌冬不凋，春生白花秋结细红实，人多移植屋宇间，阴翳可爱，不透日气。”

△ **金丝楠木翘头几　明代**

△ **金丝楠木明式花架　明代**

边长32.5厘米，高59.5厘米

花架由金丝楠木制成，架面格角攒框镶板，面下束腰打洼下接雕拐子纹牙条，与腿足内侧延边起线相接，方腿直足，足端与托泥连为一体，托泥下有龟脚。

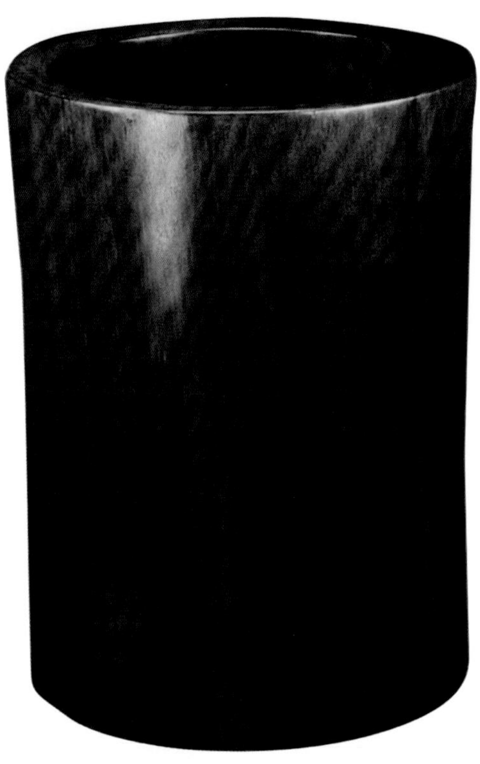

△ **金丝楠大笔筒　明代**

直径31.9厘米，高47.4厘米

此笔筒采用大段金丝楠木旋凿而成，不饰雕饰，挺拔舒展，通身素亮，楠木天然纹理清晰，淡雅文静，质地温润柔和。

晚明谢在杭《五杂俎》提到："楠木生楚蜀者，深山穷谷不知年岁，百丈之干，半埋沙土，故截以为棺，谓之沙板。佳板解之，中有纹理，坚如铁石。试之者，以署月做盒，盛生肉经数宿启之，色不变也。"传说这种木材水不能浸，蚁不能穴，南方人多用做棺木或牌匾。至于传世的楠木家具，则如《博物要览》中所说，多用水楠制成。

楠木，与樟、梓、椆，号称江南四大名木，楠木最尊。在植物学上，楠木属于樟科植物，身干魁梧，最高可达40米。它的树皮灰白色，带有独特香味，叶子两端尖尖，枝条平展，树形如塔。我国楠木的主要产地是四川、贵州、两湖地区。楠木中的成员较多，我国有40多种。除上述品种外，还有浙江楠、闽楠与滇楠等三种珍贵品种。由于楠木具有十分重要的经济价值，并被毫无节制地砍伐，所以自然资源受到严重破坏，现已被列为国家三级保护植物。

楠木的珍贵，在于它的"大器晚成"。楠木幼时生长很缓慢，20年后才能长高5米，前30~50年还不是它的兴旺期，但进入60年后开始后劲十足地猛长，在此后30年更是它生长的黄金时期。所以，人们称楠木为"大器晚成的珍贵之木"。导致楠木大器晚成的原因是，它是典型的阴生植物，幼年时期处在众多的树木之中，受阳光较少，可是到了它的后期，躯干渐渐超过四周的树木，受阳光面积大为增多，所以生长速度也就迅速增长。

楠木生长期缓慢，经过长时期的积累，养精蓄锐，木质变得十分坚韧，结构细密，纹理美观而有光泽，又有幽然的香气。而且，楠木的防潮抗腐性特别强，经久而不变质。楠木性温和，体轻，不伸不胀，不翘不裂，这些先天质地的优势，使楠木成为一种非常优良的木材，进而成为建筑与家具的珍贵木料，上至朝廷，下至百姓，都非常钟情楠木。

明代宫殿及重要的建筑，其栋梁必用楠木。因为其材大质坚且不易糟朽，以致明代采办楠木的官吏络绎于途。清代康熙初年，也曾派官员前往浙江、福建、广东、

△ **金丝楠木南官帽椅　明代**

宽63厘米，深50厘米，高107厘米

此椅用金丝楠木制成，明式南官帽椅造型，四立柱与腿足一木连做，靠背独板制成，呈S形曲线，符合人体工学原理。座面格角攒框装板，面下为双矮老加罗锅枨，直腿落地，四腿间施以步步高赶枨，全器光素，造型简练舒展。

广西、湖北、湖南、四川等地采办过楠木，由于耗资过多，康熙皇帝以此举太奢，劳民伤财，无裨国事，遂改用满洲黄松，故而如今北京的古建筑采用楠木与黄松大体参半。

清朝在建造承德避暑山庄时，就用楠木精制了一座“澹泊敬诚”殿，又称“楠木殿”。在北京十三陵中的长陵，也有一座600多年历史的楠木殿，殿里有60根楠木大柱，每根都两人合抱，虽说风风雨雨数百年，但至今完好如初，令人感叹。另外，在古时，楠木是最佳的棺板，在《红楼梦》里提到秦可卿的楠木棺材时，曾说道：“一千两银子只怕无处买。”

楠木的木性温和、不翘不裂、纹理清晰，所以也是优良的家具木材。尤其是冬天触之不凉，常被用来制作罗汉床，其优点是其他硬木不能相比的。楠木家具的身价也很高，如今北京故宫中就保存了不少清代楠木家具。据《博物要览》记载，制作家具的楠木，多系水楠。又因楠木质轻，经常需要搬动的家具，大多选用楠木，如船上家具。另外，楠木又是制作牌匾的良材，现在民间流传着不少木刻楹联和对联，很多就是取材楠木，它具有经久不变形的特点，其中以金丝楠木为最上乘。

△ **楠木雕书箱　清代**

长121厘米，宽49.5厘米，高49.5厘米

此箱满工，面用浮雕、镂雕等技法描绘两军交战之景，长矛战马，生动写实。面脸装镂空拍子，下有四高足。

九 榉木家具的木材识别

我国从来没有一种家具用材能像榉木那样久远不衰，到底什么时候出现了榉木家具，现在尚无史料可鉴，但至少不会晚于宋元两代。历史记载，在黄花梨、紫檀进口之前已有用榉木制作的家具。家具用材中也只有榉木能纵横驰骋于明清两代。在黄花梨、紫檀至清告缺，红木进口尚未跟上，而榉木则始终贯穿明清数百年，而从未停止。

榉木家具虽不及黄花梨家具美艳，也无紫檀家具来得珍贵极致，但它在历史长河中，始终向人们呈现出它博大而不俗的品位。

榉木又有称“椐木”“椇木”，产于我国长江以南地区，江浙一带产量最盛。日本、朝鲜等国也有产出。榉木属榆科，落叶乔木，高数丈，树皮坚硬，灰褐色，有粗皱纹和小突起，其老木树皮似鳞片而剥落。叶互生，为广披针形或长卵形而尖。有

△ 榉木笔杆椅（一对） 明代

锯齿，叶质稍薄。春日开淡黄色小花，单性，雌雄同株。花后结小果实，稍呈三角形。木材纹理直，材质坚致耐久。花纹美丽而有光泽，为珍贵木材，可供建筑及器物用材。

据陈嵘编写的《中国树木分类学》中介绍：“榉木产于江浙者为大叶榉树，别名‘榉榆’或‘大叶榆’。木材坚致，色纹并美。用途极广，颇为贵重。其实亦如榆钱之状，乡人采其叶为甜茶。”

榉木在北方被称之为南榆，世有南榉北榆之称，均为白木中的大宗。榆木纹理与榉木有相近之处，即通畅无阻，花纹都是很大方。榉木的棕眼细密通畅，榆木则以粗松散发出潇洒姿态，显得更为自由无拘无束。榉木较榆木坚硬，它虽不属于硬木类，但其分量是白木中最重的。

榉木有着明显美观的花纹，色彩酷似花梨，带赤色的老龄榉木被称为“血榉”，其色泽温柔而大方，有花梨木的风采，是榉木中的佳品。榉木的花纹大而美，层层叠叠，似山峦起伏，如浪峰汹涌。有一种叫“宝塔纹”的榉木，常常被嵌装在家具的显目处，以示装饰，如中央工艺美术学院收藏的一件明榉木矮南官帽椅，它的靠背板就是“宝塔纹”榉木，层层叠叠的大纹理，将椅子点缀得非常古朴典雅，是一件难得的珍品。

榉木在明清传统家具中使用量极大，特别是在明式家具中，榉木具有很重要的地位，是仅次于黄花梨的一种木材。

在明代的房屋建筑中窗户玻璃尚未普及，室内光线比较差，为了弥补这种缺陷，室内家具大多采用浅淡色泽的木材，于是黄花梨应运而生，那种淡黄带红的色调产生的情趣，使人们情有独钟。因为黄花梨是一种珍稀木材，一来它的数量有限，二来黄花梨家具价格非常昂贵，不是平常人家所能接受的，于是，色泽纹理接近的榉木便成为黄花梨以外的最佳选择。又因为明代家具的主产地在江南的苏州、松江一带，榉木就近水楼台先得月，而在北方则主要是“柞木”，虽说柞木要比榉木强，但它毕竟生不逢地。

明式榉木家具的式样，基本上都是以黄花梨家具为蓝本，从造型、装饰、结构到工艺都是如此，而且毫不逊色。它自明中期起一直兴盛到清后期，涌现了大量的珍贵家具。

榉木家具的生产和使用在明代应早于黄花梨等硬木家具。虽然有史料记载制造紫檀、黄花梨家具，在唐代就已开始，但大量制作是在榉木之后。明万历年间松江人范濂在《云间据目抄》中记载：“细木家伙，如书桌、禅椅之类，余少年曾不一见，民间止用银杏金漆方桌。 隆万以来，虽奴隶快甲之家，皆用细器纨绔豪奢，又以椐木不足贵，凡床、橱、几、桌，皆用花梨、瘿木、乌木、相思木与黄杨木，极其贵巧，动费万钱，亦俗之一靡也。尤可怪者，如皂快偶得居止，即整一小憩，以木板装铺，庭畜盆鱼杂卉，内列细桌拂尘，号称书房，竟不知皂快所读何书也。”可见范濂在文中所记椐木即榉木，花梨木即黄花梨，相思木即鸡翅木。由此明代文人并不把木材分成硬木白木，而是把榉木与黄花梨、鸡翅木、瘿木、乌木、黄杨木统称为细木。而且榉木家具的生产和使用当为进口黄花梨等硬木之前，因为明代嘉靖至隆庆时，城市经济繁荣，海禁开放，海外贸易大力发展，大量的黄花梨、紫檀等高级硬木始得进口。

以苏州为中心的江南地区盛产榉木，因此榉木家具的生产大多分布在江浙地区。北方虽也有少量存世，那是通过大运河向北运载而得。古代运输的成本较高，又加上诸多不便，故制作家具一般就地取材为多，大都以本地所产良材作为家具用材的首选。在紫檀、黄花梨等硬木尚未进口之时，榉木理所当然作为江浙一带最好的家具用材了。

榉木由于其质硬木坚，在江南又被视为硬木，所制家具极为坚固实用，制作工艺相当考究。最精致的榉木家具基本出自苏州地区，苏作家具是中国古典家具的精华，苏州的工匠技艺超群，高手如云，承传有序，他们大量制作的供人们

△ **榉木镶红木炕几　清代**

长94厘米，宽46.5厘米，高36.5厘米

此炕几为乾隆年间之物，长方书卷式。框架选用榉木料，板心及挡板为红木。几面打槽装板，方正规矩，边与四腿相连自然向下弯曲内卷呈书卷状，牙板镂雕成卷草纹。腿间装挡板，镂雕卷草纹及缠枝花卉纹，内翻足。

日常生活使用的榉木家具精美绝伦，深为人爱，为中国传统家具带来了通向辉煌顶峰的机遇。榉木家具是明式家具的先驱，而且在明清两代上下数百年间经久不衰。这是任何一种家具用材都无法比拟的。

苏州应视为中国古典明式家具的发祥地，其所生产的榉木家具与黄花梨几无二致，不仅做工精致、式样传统，简约素洁、稍有纹饰，且明式为多。远观与黄花梨家具如孪生兄弟，难以分清，无可挑剔。这说明在黄花梨等硬木进口并大量制作家具后，作为明式家具的开拓者榉木家具的制作从未停止过，只是世人把荣耀和光辉都罩在了黄花梨等硬木家具身上。明末清初苏州工匠虽大量制作进口硬木家具，但那些多为皇家和达官贵人所拥置。而一般平民仍以使用榉木和其他白木家具为主，且不少殷实的书香文人也喜爱榉木家具，加之平民人数众多，所以市场极为广阔。因此榉木家具需求量日益增大，颇为民间珍爱，其传统制作时序一直延续至民国。因此人们常见到的形制非常古朴文逸的明式榉木家具，其生产年代可能是晚清甚至是民国初年。

榉木家具的历史实际上是中国明式家具的发展过程。明式家具准确地说，应为明末清初苏州地区所制的家具。明式家具中最早的是使用榉木制作，其中不乏经典作品，所以榉木家具有相当的艺术价值和历史价值。

榉木家具的品种最为齐全，无论桌、案、几、凳、椅、柜、橱、床，无一不有。尤以圈椅和圆角柜为著名，其椅背、柜面多用大块整板，显示出美丽的花纹。苏作家具在硬木上通常精打细算，能省则省，但在制作榉木家具时却极为大方爽直，令人振奋。

榉木家具具有相当高的艺术价值和历史价值，在民间的存世量很丰厚。由于榉木家具的摇篮在明式家具的故乡，杰出地体现了明式家具的精华，而且它又在民间广泛流传。特别值得一提的是，它受清式家具的影响甚微，将明式风格一代又一代地传了下来。榉木家具能有如此顽强的延续性和稳定性，这是它自身艺术价值的体现，这在其他木种中并不多见。

在民间，至今尚有大量的榉木家具存世，像苏南与江北地区几乎家家都有过，只不过近年来，被城里下来的旧家具贩子收购了。在旧家具行当里，榉木家具归于白木家具，主要销售对象是外国人。上海的旧家具行业中，榉木家具是最主要的货源，它们被卖给了外国人或我国港台客商后，拆散打包成集装箱运出国境，漂洋过海。据说榉木家具在欧美古董家具市场上很畅销。

以前，由于榉木家具的存世量大，很平凡，它的艺术与历史价值并未得到应有的重视。近来不少有识之士纷纷出来呼吁重视榉木家具，这是很有道理的，因为榉木家具是明式家具最佳的保存者，而明式家具又是中国古典家具的最辉煌结晶。

十
榆木家具的木材识别

榆木在我国北方地区大量存在。为了与浙江的“南榆”、古代进口的“紫榆”、东北的“沙榆”相区别，北方人常称之为“附地榆”和“北榆”。现在北方传世的明清民间家具有不少是由这种木材制作的。北榆材幅宽，花纹大，质地温存质朴，色泽明快，价廉易得，加工方便，不易变形，自汉代以来就是北方民间家具、车船和农具的优质用材。《后汉书》中有东郡太守冬天坐拥榆木板床的记载，《水经注》中则言东汉明帝派遣使者携带榆木红箱前往天竺的事。

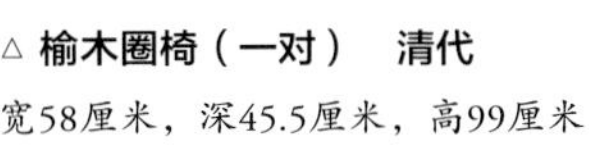

△ **榆木圈椅（一对）　清代**

宽58厘米，深45.5厘米，高99厘米

△ **榆木雕花三屉柜　明代**
长110厘米，宽78厘米，高90厘米

榆木还是优良的雕漆和装饰材料，优质的榆木刨平后可见美丽的花纹，雕漆艺人将榆木烘干，整形，雕磨髹漆，制作出工艺上乘的屏风、匣盒和台座等漆器。北榆棕眼疏密较分散，木色发黄白；南榆棕眼细密，中成线，质坚色红 ；东北沙榆常有细密分布的砂粒状小斑点，材质更疏松，故称之为“沙榆”。在传世的古典家具中，榆木家具比榉木的还多，品种以供案、翘头案、一腿三牙方桌、罗汉床、圈椅、炕桌、炕头柜、钱柜为主。风格粗犷，坚实耐用，多以朴实浑厚的晋作、鲁作等风格出现，很让收藏者喜爱。而且榆木家具的价格也比较合理，所以在收藏者的眼中还是比较受到欢迎的。另外，许多仿古家具也常以榆木为原料制作，这对榆木家具影响的扩大也起了一定的积极作用。

十一　黄杨木家具的木材识别

黄杨木也是中国古典家具的用材之一。

黄杨木属黄杨科，常绿灌木或小乔木，枝丛而叶繁，叶初生似槐牙而青厚，不花不实，四季常青。它分布于热带和亚热带，约有40多个品种，我国约有18种，以南方为多，北方也有。黄杨木的生长期特别缓慢，故民间又有“子孙木”之称，意思是爷爷种的黄杨，要到孙子手上才能派用途。又据《博物要览》说，黄杨木每年只长一寸，遇闰年则要停一年。

但《花镜》卷三介绍黄杨木说：“黄杨木树小而肌极坚细，枝丛而叶繁，四季常青，每年只长一寸，不溢分毫，至闰年反缩一寸。”东坡有诗云：“园中草木春无数，惟有黄杨厄闰年。”

因为黄杨木生长缓慢，所以没有大料，一般需要40~50年才能成材，直径在15

厘米以上者，极不易得。又因质地坚致，是木雕的好原料。我国最著名的黄杨木雕是浙江省的“乐清黄杨木雕”，其历史悠久。古时的乐清黄杨木雕主要是雕塑小佛像，装饰于龙灯骨架上。至清末时，艺人朱子常改进黄杨木雕，使之成为独立的工艺品。1915年在巴拿马万国博览会上获二等奖，1999年又在南洋劝业会上黄杨木雕荣获优等奖，从此名声大振，成为中国的重要木雕艺术品。除了乐清黄杨木雕外，常州的黄杨木梳子也很出名。

古人对黄杨木的采伐有极严格的规矩，《酉阳杂俎》记载：“世重黄杨木以其无火也。用水试之，沉则无火。凡取此木，必以阴晦夜无一星，伐之则不裂。”可见黄杨木不仅难长，采伐也不容易。

在传统家具制作中，由于黄杨木呈淡黄色，色泽均匀悦目，结构坚韧，纹理细密，常用来作家具镶嵌装饰材料。这种淡雅的黄色，清秀雅丽，配以色泽深沉的红木，能取得很好的色调对比，起着独特的装饰作用，尤其是广作家具和宁式家具经常用黄杨镶嵌。黄杨木还有一个特性，就是它极易上包浆，煞为美观，那种艳丽如蛋黄的色泽，深受民间喜爱，也深受统治者的欢心。

△ **黄杨木笔筒　清代**

▷ **黄杨木随形笔筒　清代**

直径13厘米

此笔筒选用黄杨木，材壁宽厚，古貌苍遒。随形而雕，筒口略外翻，整器取树瘤干状样态，形态苍劲，此等制法正是契合了文人思想。

第四章

古典家具的各种鉴赏

一 制作工艺的鉴赏

以手工方式制作家具，做工和技艺尤为重要。家具的制造，在继承明清以来优质硬木家具的传统技艺上，随着时代的发展，工艺水平得到了不断的提高，特别是许多优秀的产品，做工精益求精，工艺科学合理。

1 | 木材干燥工艺

首先，家具的制造往往直接取决于用材的性质。红木、花梨木等木材与紫檀、黄花梨在木材质地上尚有一定差别，因此，用材的加工处理就成为家具质量的先决条件。不少木材常含油质，加工成家具的部件容易“走性”，就是白坯完工以后，也还会影响髹饰。民间匠师在长期的生产实践中，摸索出了许多处理木材材质的方法，以及不少行之有效的经验。旧时，一般先将原木沉入水质清澈的河边或水池中，经过数月甚至更长时间的浸泡，使木材里面的油脂渐渐渗泄出来，然后将浸泡过的原木拉上岸，待稍干后锯成板材，再存放在阴凉通风的地方，任其慢慢地自然干燥，到那时，才用它们来配料制作家具。

△ **黄花梨起线三足笔筒　明代**

高19厘米，直径20厘米

△ **黄花梨宝顶官皮箱　明代**

边长33厘米，高24厘米

△ **黄花梨文房箱　明代**

长48厘米，宽24厘米，高21厘米

此箱正面饰铜质圆面叶及云纹拍子，两侧置铜提环，灵活实用。为使之牢固，在箱盖四角等多处加装了铜质包角饰件，更显出箱子的考究。

这种对硬木的传统处理方法，所需时间较多，周期较长，现代生产已很少采用了，但是经过如此干燥后的木材，“伏性”强，很少再有“反性”现象。用作镶平面的板材，不仅需经一二年的自然干燥，而且还需注意木材纹理丝缕的选择。民国以后，有些硬木家具的面板开始采用“水沟槽”的做法，即在面板入槽的四周与边抹相拼接处留出一圈凹槽，可避免面板因涨缩而发生破裂或开榫的现象。

△ **黄花梨雕龙纹几　明代**

长44.5厘米，宽27.5厘米，高90厘米

2 | 家具制造的打样工艺

制造每件家具，总要先配料划线。划线也叫“划样”，旧时没有设计图纸，式样都是师徒相传，一代一代口传身授，每种产品的用料和尺寸，工时与工价，都要十分熟悉并牢牢记住。家具的新款式，主要依靠匠师中的“创样”高手，江南民间称他们叫“打样师傅”。在长期实践中，凭着丰富的经验，他们常常能举一反三，设计创新。旧时硬木家具的制造，大户人家常邀请能工巧匠到自己家中

△ **红木大炕几　清代**

长91厘米，宽60厘米，高35.5厘米

此几通体以红木为材，造型端庄。面攒框镶独板，冰盘沿，束腰内置条环板。牙板处饰拐子纹，直腿起阳线，内翻回纹足。包浆润泽，线条简约流畅。

△ **紫檀鼓凳（一对）　清代**

来“做活”，少则数月，长达一二年。工匠们根据用户的要求从开料做起，一直到成套家具完工。因此，民间又有所谓“三分匠，七分主”的说法，意思是指工匠的打样或设计，往往依照主人的要求进行，有时，甚至主人直接参与设计。所以，流传至今的家具传统式样都是在传统基础上集体创作完成的。

3 | 精湛卓越的木工工艺

富有优良传统的木工加工手艺发展到硬木家具制造的年代，已达到登峰造极的地步。木工行业中流传着所谓：“木不离分”的规矩，就是指木工技艺水平的高低，常常相差在分毫之间。无论是用料的粗细、尺度，线脚的方圆、曲直，还是榫卯的厚薄、松紧，兜料的裁割、拼缝，都是显示木工手艺的关键所在，也是家具质量至关重要的先决条件。因此，木工工艺要做到料份和线脚均“一丝不差”“进一线”或“出一线”都会造成视觉效果的差异，兜接和榫卯要做到“一拍即合”，稍有歪斜或出入，就会对家具的质量发生影响。在苏州地区木工行业中，至今仍流传着“调五门”的故事，传说过去有位木工匠师，手艺特别出众，一次，他被一家庭院的主人请去造一堂五具的梅花形凳和桌。匠师根据设计要求制成后，为了说明自己的手艺高明，让主人满意放心，便在地上撒了一把石灰，

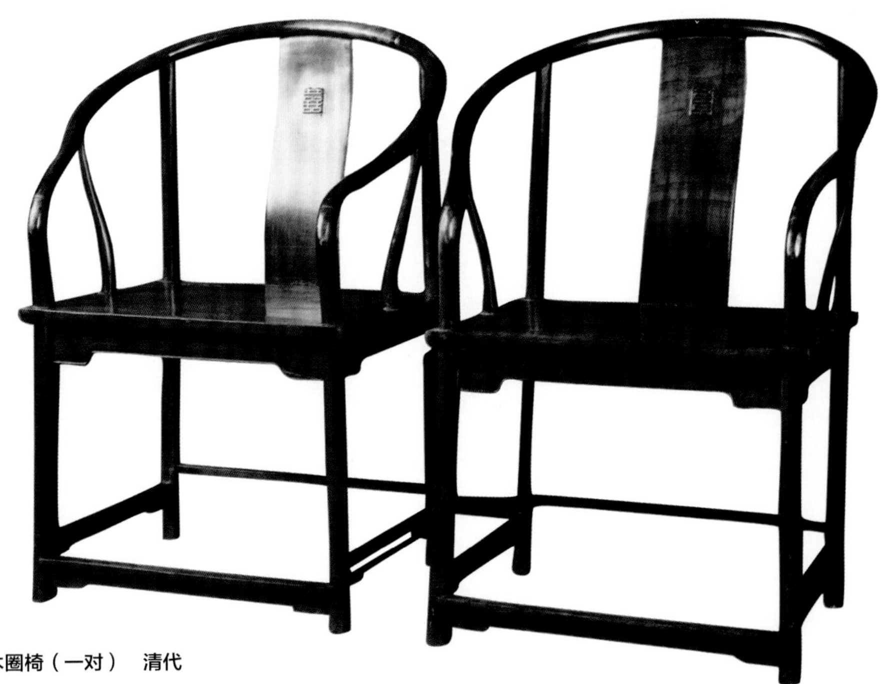

△ **红木圈椅（一对）　清代**

宽59厘米，深44厘米，高90厘米

此圈椅通体为红木制成。搭脑、扶手均为曲线形，靠背板为“S”形曲线，光素无纹。座面攒框镶板，壸门券口式牙板雕卷云纹，椅腿下横枨做成步步高升枨式，前枨下券口素牙板。

△ 红木云纹平头案　清代

△ 黄花梨龙头衣架　清代

然后将梅花凳放在上面，压出五个凳足的脚印来。接着按五个脚印的位置，一个个对着调换凳足。经过四次转动，每次五个凳脚都恰好落在原先印出的灰迹中，没有分毫的偏差，主人看后赞不绝口。

（1）工艺与构造的设计

在木工手艺中，许多工艺和结构的加工均需匠心独运，尤其是各种各样的榫卯工艺，既要做到构造合理，又要做到熟能生巧，灵活运用。家具中常常利用榫卯的构造来增强薄板或一些构件的应变能力，以避免横向的丝缕易断裂、易豁开等缺点。对于一些家具的镂空插角，匠师们巧妙地吸收了45° 攒边接合的方法，将两块薄板分别起槽口，出榫舌后拼合起来，既避免了采用一块薄板时插角因镂空而容易折断的危险，又提供了插角两直角边都可挖制榫眼的条件，只要插入桩头，就能很好地与横竖材相接拼合。

由于清式与明式造型的差异，家具形体的构造往往出现各种变化，因此，在家具的制造工艺上形成了许多新的方法，像太师椅等有束腰扶手椅的增多，一木连做的椅腿和坐盘的接合工艺已显得格外复杂，工艺要求也更高。这类椅子的成型做法，需要按部就班，一丝不苟，大致可分四个步骤。第一步是前后脚与牙条、束腰的连接部分先分别组合成两侧框架，但牙条两端起扎榫、束腰为落槽部分，以便接合后加强牢度。第二步是将椅盘后框料同牙条和束腰与椅盘前牙条和束腰同步接合到两侧腿足，合拢构成一个框体。第三步是将椅盘前框料与椅面板、托档连接接合，再与椅盘后框料人榫落槽，摆在前脚与牙条上，对人桩头拍平，然后面框的左右框料从两侧与前后框料人榫合拢。前框料为半榫，后框档做出榫。第四步是安装背板、搭脑和两侧扶手。

（2）科学合理的榫卯结构

工艺合理精巧，榫卯的制作是最重要的方面。经过长期的实践，后期家具中榫卯的基本构造，有些做法已经与明式家具的榫卯稍有不同，如丁字形接合的“大进小出”原则，即开榫时把横档端头一半做成暗榫，一半做成出榫，同时把柱料凿出相应的卯眼，以便柱侧另设横档做榫卯时可作互镶。后期家具一般就不再采用这种办法了，常一面做出榫，一面做暗榫。又如粽角榫的运用，依据不同的情况作出相应的变化，更适应形体结构和审美的要求。棕角榫在桌子面框与脚柱的交接处侧面出榫，桌面和正面不出榫，在书架、橱柜立柱与顶面的交接处、顶面出榫和两侧面出榫，正、侧面不出榫。然而在一种橱顶上，粽角榫又出现了明显的变体做法，为了适应顶前出现束腰的形式，在顶前部制作凹进裁口形状，以贴接抛出的顶线和收缩的颈线，取得一种特殊的效果。这种构造的内部结构，虽仍是运用了粽角榫的原理和做法，但外形已经不呈粽角形了。再有，如传统硬木家具典型的格肩榫，硬木家具一般不做小格肩。所谓的大格肩，也常取实肩与虚肩的综合做法，即将横料实肩的格肩部分锯去一个斜面，相反的竖材上留出一个斜形的夹皮。这种造法既由于开口加大了胶着面，又不至于因让出夹皮位置而剔除过多，而且加工方便。江南匠师把这种格肩榫叫作“飘肩”。

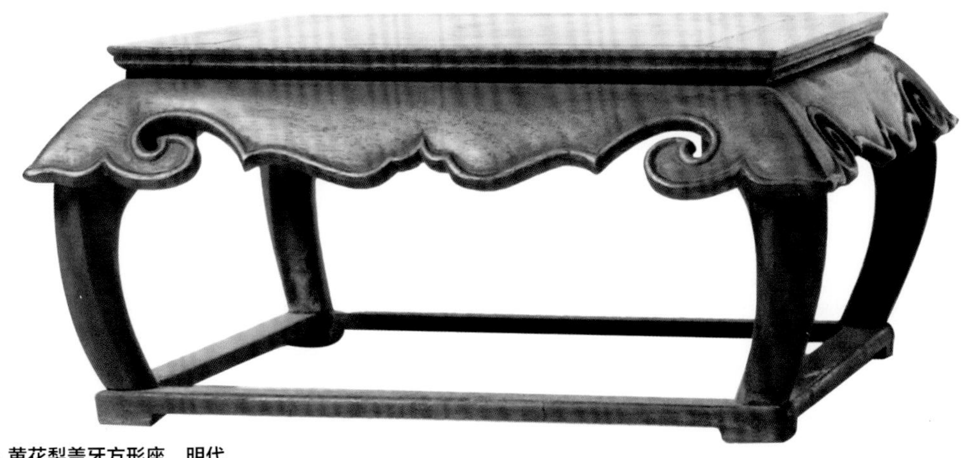

△ **黄花梨盖牙方形座　明代**

边长31厘米，高15厘米

△ **黄花梨亮格书柜　明代**
长79厘米，宽43厘米，高182厘米

△ **黄花梨两撞提盒　清早期**
长34.5厘米，宽20厘米，高13.5厘米

△ **黄花梨文具箱　清早期**
长34厘米，宽21厘米，高23厘米

家具常用的榫卯可分为几十种，归纳起来大致有以下这些：格角榫、出榫（通榫、透榫）、长短榫、来去榫、抱肩榫、套榫、扎榫、勾挂榫、穿带榫、托角榫、燕尾榫、走马榫、粽角榫、夹头榫、插肩榫、楔钉榫、裁榫、银锭榫、边搭榫等，通过合理的选择，运用各种榫卯，可以将家具的各种部件作平板拼合、板材拼合、横竖材接合、直材接合、弧形材接合、交叉接合等。根据不同的部位和功能要求，做法各有不同，但变化之中又有规律可循。清代中期以后，不同地区常有一些不同的方法和巧妙之处，如插肩榫和夹头榫的变体，抱肩榫的变化等。

有人以为，精巧的榫卯是用刨子来加工的，其实，除槽口榫使用专门刨子以外，其他都使用凿和锯来加工。凿子根据榫眼的宽狭有几种规格，可供选用。榫卯一般不求光洁，只需平整，榫与卯做到不紧不松。松与紧的关键在于恰到好处的长度。中国传统硬木家具运用榫卯工艺的成就，就是以榫卯替代铁钉和胶合。相比铁钉和胶合，前者更加坚实牢固，同时又可根据需要调换部件，既可拆架，又可装配，尤其是将木材的截面都利用榫卯的接合而不外露，保持了材质纹理的协调统一。所以，清料加工的家具才能达到出类拔萃的水平。中国传统家具通过几千年的发展，自明代以后，能如此将硬木家具的材料、制造、装饰融于一体，这种驾驭物质的能力，不能不说是对全人类物质文明的巨大贡献。

△ **黄花梨带闩杆有柜膛圆角柜　清早期**

长84厘米，宽44厘米，高140厘米

△ **黄花梨及乌木高束腰三弯腿带托泥香几　清早期**

边长53厘米，高90厘米

△ **黄花梨有束腰三弯腿螭龙纹六柱式架子床　清早期**

长226.7厘米，宽157厘米，高223.7厘米

△ **黄花梨螭龙纹小翘头案　清早期**

长38.5厘米，宽17.5厘米，高14厘米

△ **黄花梨云纹圈椅　清早期**

宽67厘米，深45.3厘米，高97厘米

（3）木工水平的鉴别

要全面地检查一件家具的木工水平，各地都有丰富的经验，看、听、摸就是经常采用的方法。看，是看家具的选料是否能做到木色、纹理相一致，看结构榫缝是否紧密，从外表到内堂是否同样认真，线脚是否清晰、流畅，平面是否有水波纹等；听，是用手指敲打各个部位的木板装配，根据发出的声响可以判断其接合的虚实度；摸，是凭手感触摸是否顺滑、光洁、舒适。家具历来注重这种称为“白坯”的木工手艺，一件优秀出众的家具，往往不上漆，不上蜡，就已经达到完美无瑕的水平了。

（4）传统的木工工具

“工欲善其事，必先利其器”精巧卓越的手工技艺，离不开得心应手的工具。制作家具的木工工具主要有锯、刨、凿和锉。由于硬木木质坚硬，故刨子所

△ **黄花梨大药箱　明代**

长37厘米，宽40厘米，高31厘米

选用的材质，刨铁在刨膛内放置的角度，都十分讲究。

明代宋应星编著的《天工开物》记载着“蜈蚣刨”，至今仍是木工不可缺少的专用工具，其制法也与旧时一样，“一木之上，衔十余小刀，如蜈蚣之足”。现在民间匠师称其叫“铧”，使用时一手握柄，一手捉住刨头，用力前推，可取得“刮木使之极光”的效果。

在木锉之中，有一种叫蚂蚁锉的，木工常用它来作为局部接口和小料的处理加工，也是用作“理线”行之有效的专用工具。有人以为凹、凸、圆、曲、斜、直等各种线脚全部是依靠专用的线刨刨出来的，其实不然，许多线脚的造型是离不开这一把小小的蚂蚁锉，它在技师手中的功能，可达到出神入化的地步。

4 | 揩漆工艺

在南方传统家具都要做揩漆，不上蜡，所以除木工需好手外，漆工也同样重要。漆工的工序和方法虽各地有差异，但制作的基本要求大致相同。揩漆是一种传统的手工艺，采用生漆为主要原料。生漆加工是第一道工艺，故揩漆首先要懂漆。生漆来货都是毛货，它必须通过试小样挑选，经过合理配方，细致加工过滤后，再通过晒、露、烘、焙等过程，方成合格的用漆。有许多方法秘不外传，常有专业漆作的掌漆师傅配制成品出售，供漆家具的工匠们选择。

揩漆的一般工艺过程先从打底开始，也称“做底子”。打底的第一步又叫“打漆胚”，然后用砂纸磨掉棱角。过去没有砂纸，传统的做法是用面砖进行水磨。第二步是刮面漆，嵌平洼缝，刮直丝缕。第三步是磨砂皮，当磨完底子便进入第二道工序。这一工序先从着色开始，因家具各部件木色常常不能完全一致，需要用着色的方法加工处理。另外根据用户的喜好，可以在明度或色相上稍加变化，表现出家具不同色泽的效果。

清代中期以后，由于宫廷及显贵的喜爱，紫檀木家具成为最名贵的家具，其

△ **黄花梨独门官皮箱　明代**

长36厘米，宽25厘米，高32厘米

△ **黄花梨方凳　明代**

长50.5厘米，宽45.5厘米，高52厘米

次是红木家具。紫檀木色泽深沉，故有许多红木家具为了追求紫檀木的色彩，所以着色时就用深色。配色用颜料，或用苏木浸水煎熬。有些家具选材优良，色泽一致，故揩漆前不着色，这就是常说的“清水货”。接着就可作第一次揩漆，然后复面漆，再溜砂皮。同样根据需要还可着第二次色，或者直接揩第二次漆。接下去就进入推砂叶的工序。砂叶是一种砂树叶子，反面毛糙，用水浸湿后用来打磨家具的表面，能其光亮且润滑。还有用水砖打磨的，现在早已不用，改用细号砂纸。最后，再连续揩漆三次，叫作“上光”。上光后的家具一般明莹光亮，滋润平滑，具有耐人寻味的质感，手感也格外舒适柔顺。在这过程中，家具要多次送入荫房，在一定的湿度和温度下漆膜才能干透，具有良好的光泽。北方天寒干燥，不宜做揩漆，所以多做烫蜡工序。

△ **紫檀龙纹大镜匣　清早期**

长45厘米，宽45厘米，高18厘米

此镜匣为紫檀料精制而成，整体呈镜箱式，又称文具梳匣。匣体四角包铜，正面带一长方形抽屉，可用于放置梳洗装扮用具。屉面设有铜拉手，底置四内翻马蹄。镜架以榫卯相连，架面设荷叶形镜托，以卡铜镜之用，支架可折叠，余处镂雕草叶龙，面板正中开光饰海棠花。

现代硬木家具揩漆多用腰果漆。腰果漆又名阳江漆，属于天然树脂型油基漆。采用腰果壳液为主要原料，与苯酚、甲醛等有机化合物，经缩聚后加溶剂调配成类似天然大漆的新漆种。

二 雕刻纹饰的鉴赏

1 | 家具雕饰的图案

精美的良木雕刻和精巧的艺术镶嵌都是古典家具中主要的装饰手法，其涵藏着无穷的美学意蕴，超凡脱俗、焕采生辉。它的美学价值远远超出了古典家具本身的外在价值，是中国古典艺术的奇珍。

雕刻艺术在我国有着悠久的历史，如摩崖洞窟、寺观雕塑、琢玉山子、镂牙刻犀、剔红宝嵌等，无不异彩纷呈。雕刻从体制规模，题材技法，可塑材料上形成专门的艺术，一跃而成为明清工艺美术的明星，灿烂夺目。

家具雕刻是我国雕刻艺术的集大成者，就雕刻内容而言，大凡山水人物、飞禽走兽、花卉虫鱼、博古器物、西洋纹样、喜庆吉祥等无所不包，丰富多彩。

雕饰图案是实用美术中利用具体与抽象艺术手法相结合，经过艺术再创造的一种以线型为主的装饰图案，其中“抽象”的成分占主要地位。

△ **黄花梨半桌　明代**

长98厘米，宽50厘米，高84厘米

△ **黄花梨方凳　明代**

长58.5厘米，宽48.5厘米，高52.5厘米

△ **紫檀龙纹嵌黄铜交椅（一对）　清代**

宽62厘米，深40厘米，高106厘米

此交椅为紫檀木质，靠背板略曲，分三段镶板，上部透雕螭纹，中部透雕麒麟纹，下部做出云头亮脚，靠背板两侧有托角牙。后腿与扶手支架的转折处镶雕花牙子，并辅以铜质构件，座面绳编软屉，座面前沿做出壶门曲边并浮雕草龙，前后腿交接处用黄铜轴钉固定，足下带托泥，两前腿间装镶铜饰脚踏。

人们在长期的劳动、生活中随着社会的不断进步，物质与精神生活的不断提高，在原始纹饰的基础上，经过千百次的磨炼、实践、创作、再实践、再创作，出现了丰富多样的装饰纹样，为各类工艺美术奠定了纹饰的基础。我们常见的纹饰有水波纹、绣球纹、龟背纹、冰裂纹、回纹、祥云纹、鱼鳞纹、锁纹、方胜纹、套环纹、如意纹、灵芝纹、流云纹、火纹、水纹、浪花纹、飞天纹、柿蒂纹、古钱纹、金锭纹、银锭纹、方罗纹、黻纹、花草拐子、龙花拐子、草龙拐子、剑环纹、莲花瓣、夔龙纹、夔凤纹等。这些丰富多彩的装饰纹饰，都是人们在传统的基础上，经过不断的劳动生产、生活观察和各种思想情感中反映出来的产物，具有典型的民族风格。

（1）寓意图案

寓意图案是图案装饰题材的一种，具有一定的意境。或寄寓人们对美好生活的向往，或劝恶从善，或宣扬尊老爱幼、孝敬父母、爱国忠君的思想品德，或祝贺人们长寿无疆、发财发福、生活康乐、夫妻恩爱等方面的吉祥内容。总之寓意图案不是普通纹样那种纯线条美的装饰题材，而是有一定的思想内容和故事情节。这是我们民族图案装饰艺术的又一个特点。但是作为“寓意”就是要寄寓一定的思想意识，这未免要带上时代和阶级的烙印。因为各个时代都有其特征，各个阶级又有其思想意识。

寓意图案分现实性与借喻性两种。

现实性寓意图案。现实性即现实生活中具有一定思想内容和故事情节，并且能感化人的事情，也就是说，所要表现的题材中有与故事情节有关的人和物的一种真实而生动的场面。我国的历史悠久，有着光辉灿烂的民族文化。纵观几千年的中华民族史，各个时期，每个朝代都会出现过对社会、民族、科学、文化做出过杰出贡献的历史人物，有着许多可歌可泣、流芳百世的英雄事迹。但过去的历史可以成为现代人们对社会的发展，个人自身思想情操相对照的一面镜子。作为雕刻，是为人们欣赏、玩摩的一种艺术。完全可以利用雕刻艺术本身的特点，反映过去的历史，起到提供“镜子”的作用，对现代人们具有启发、教育的意义。

借喻性寓意图案。借喻性这种装饰方式，在传统的木雕艺术中运用得比较广泛。我国传统的借喻性装饰题材一般利用同音字相谐的比喻方法。如我国明清时代喜欢画蝙蝠，以“蝠”谐“福”音，视为吉祥。如“平安如意”，在画面上雕有一个花瓶，里面插一根“如意”，以“瓶”字谐“平”字，加之“如意”这种器物，谐心情如意，总称为“平安如意”，再如“喜上眉梢”，雕一喜鹊立于梅花的枝梢上，以喜鹊的喜字谐欢喜的喜字，以梅花的梅字谐眉毛的眉，总称为“喜上眉梢”。与此相同的还有“必定如意”“欢天喜地”“双喜临门”“喜报三元”“五福团寿”“福在眼前”“喜报春光”“延年益寿”“万代长春”“天地长春”“富贵万代”“满堂富贵”“并蒂同心”“同偕到老”“聪明伶俐”“连中三元”“连升三级”“春风得意”“指日高升”“家家得利”“春象万年”“和平万年”“年年大吉”“连年有余”“英雄独立”“君子之交”“吉庆有余”“安居乐业”等，诸如此类不胜枚举。传统的借喻性图案题材，有的思想内容虽带有唯心色彩，但从某种程度上讲，却反映了人们对美好生活向往的一种心情。

（2）龙凤题材类图案

在传统和现代的雕刻图案中，龙、凤这一类神奇的动物形象，常常是人们所喜闻乐见的装饰题材。

龙是中华民族的象征。中华民族文明的起点，是从黄帝算起。传说中黄帝是黄龙体，每年四月黄龙祭祖，是我们民族的传统。龙作为我们祖先对图腾的崇拜，就成了民族的徽记，是中华大地上各个部族共同创造的，并由此将世世代代紧紧地联系在一起。直到今天十亿多炎黄子孙通称龙的传人，中国也就被誉为龙的国家。

△ **紫檀雕龙玫瑰椅（一对）　清中期**

宽59厘米，深45厘米，高93厘米

龙是个什么样子？尽管到处都有它的形象，但谁也没有见到过。远古时代在地球上称霸的恐龙，在人类诞生之前就已经灭绝了。传说龙最早是我国上古时代西北龙族在他们所崇拜的马图腾、蛇图腾、蜥蜴图腾的基础上，所塑造出来的神。龙族至殷犹存，卜辞里称之为“龙方”或龙。后来龙族的一支苗裔迁向我国北部、东北部，将龙带到了那里，那里的人们也喜爱、敬重龙。另一支苗裔夏人东迁至黄河下游，建立了我国第一个奴隶制王朝。他们仍然充满了对龙的喜爱，敬重之情，将其祖宗神之一的“禹”说成是龙。在他们的影响下，中原的华夏族普遍地接受了龙，有的还以龙为号。

龙禀赋着英雄之美，尤其饱含着理想之美。本来，图腾便渗透着最初人们的理想。由几个图腾凝结而成的龙，人们将更多的理想赋予它。所以，它不仅是我国最著名的神物，而且在全世界神物中也最为光彩夺目。人们为了表达对它的喜爱与敬重，在生活中处处都有龙的描述：元宵佳节舞龙灯，农忙伊始二月二“龙

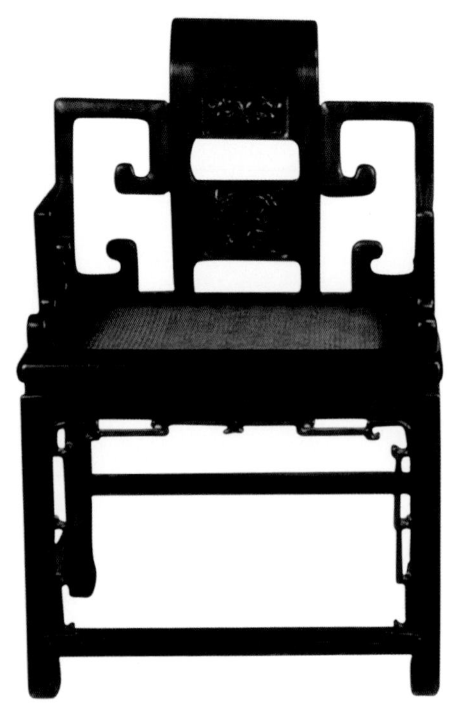

△ **红木雕花卉扶手椅（一对） 清代**
宽59厘米，深48厘米，高90厘米

抬头”，端午节赛龙舟……这些传统，有中国人的地方就有，而且一直延续到现在。

龙的形象，更多的则是鼓舞人们向上的寓意。它从人们善良的愿望和需求出发，和一切美好、珍贵的东西相联系，结合民族和地区的特点，不断地丰富，发展，美化人的生活，给人们以向往和鼓舞，成为我们中华民族文化的一种标志。

许多精湛叫绝的伟大建筑和美术工艺品，都以龙为表现主题。天安门前的华表、故宫、天坛、颐和园和许多著名建筑上的金龙，包括各种雕龙戏珠、飞龙彩画，北海及各地的九龙壁，都是世界仅有的堪称中华民族深远文化的代表作。当今玉器中的“东方巨龙熏”“龙福寿佩”“九龙玉杯”，雕漆中的“龙虎斗盘”“二龙戏珠”，牙雕中的“龙舟竞渡”，景泰蓝中的“双龙大碗”“盘龙花瓶”，都是以龙为主题的稀世珍品。盛销国内外的节日火炮，也有“万龙火伞”“飞天散花”。神奇活现的火龙，雷鸣电闪般地出现在五彩缤纷的夜空上，十分壮观。

凤是我国古代传说中商人所崇拜的鸟。殷民族的神话里记载着自己祖先是鸟（“天命玄鸟，降而生商”《诗·商颂》）。传说殷的祖先是契，契的母亲叫简狄，当然也是“天帝”的后代，她的始祖是我国传说中三皇五帝之一的帝俊（舜），一天简狄吞了一只玄鸟的蛋，就生了契。屈原在他的《天问》与《离骚》中都有对这一神话的记述，如屈原《天问》曰："玄鸟致贻，女何喜？"《离骚》曰："凤皇既受诒兮，恐高辛之先我。"这里的玄鸟即凤，凤凰是雌雄一对的合称，传说中凤为雄性，凰为雌性，如古代有《凤求凰》的乐曲，表示男性求爱于女性。根据顾方松所著的《凤鸟图案研究》中所论述："宋以后，双凤开始分雌雄……头上画一冠状物——胜。所谓胜，原是一种首饰，如'春胜''方胜'。古代男子成年后要加冠，就叫'胜冠'……凤鸟头上有胜，除表示是雄性（凤）外，其形状画成灵芝状，因为灵芝是'仙草'，吉祥之物，添加于凤，合情合理。这种灵芝形的胜，成为以后凤头的式样。无胜者，就表示雌性（凰）"。

凤，最初以孔雀为基本形象，以后逐步演变成现在艺术品中常见的样子。它的形象也和龙一样，也是集多种动物于一身，由鸡头、鹰嘴、鹤身、孔雀尾、大鹏翅、鸳鸯杏羽等组合成神态英武的凤。凤鸟起初是商的图腾（祖先）标记，后来逐步演变为吉庆瑞祥的象征。随着历史的演变，各阶层的人们赋予它各种各样的神秘色彩。

宋、元以来，凤鸟的声誉与日俱增，文学、诗词、绘画竞相描写，借喻凤鸟的作品屡见不鲜。各种名著中反复而详尽地加以描绘。如宋书《符瑞志》说："凤，仁鸟也，其雄曰即即，雌曰足足。晨鸣曰发明，昼鸣曰上朔，夕鸣曰归昌，昏鸣曰固常，夜鸣曰保长。"文中说到不管哪个时辰，听到凤鸣者都是吉祥的。明清时期的工艺美术装饰可以说是集历代题材之大成，龙凤图案更加普遍出现在建筑、家具、陶瓷、染织、金属工艺……几乎所有的工艺美术品上。

综上所述，凤鸟在过去的社会中，似乎主要是代表统治阶级的意识和社会功利。但作为凤鸟图案，在装饰与欣赏方面，在今天却更受到劳动人民的普遍喜爱与赞赏。这是因为凤凰图案作为一种民族文化遗产，是美的象征，对于美是应该具有人性或共性的。

（3）具体的雕饰图案

家具雕饰图案具体来说，主要包括以下几类。

飞禽走兽纹：有螭龙纹、螭虎纹、凤纹、麒麟纹、鹿纹、鹤纹、喜鹊纹等，大都选取人们崇拜喜爱之物，其中龙凤尤为突出。龙是中华民族的图腾和象征。它刚强劲健，富于变化，性猛而威，能兴云作雨，封建时代用龙作为皇帝的象征。龙纹多刻饰于宫廷及皇族使用的家具上。凤，

△ 黑漆描金山水花鸟琴几　清早期

△ **紫檀螭龙纹翘头几　清代**

古人称之为神鸟，百鸟之王，出于东方君子之国，每当天下大宁，其声若箫，清高雍容。

明式家具雕刻中常见的飞禽走兽纹，明显带有先秦及魏晋南北朝造像的遗风——雄浑而博大。使人们不由得想起霍去病石雕和许多汉代宫阙那样的深厚拙朴，以及如武威铜奔马、六朝陵墓石兽那般奔放劲健的风姿。

吉祥花卉及人物纹：吉祥花卉纹有卷草纹、牡丹纹、缠枝纹、灵芝纹、梅花纹、荷花纹、云纹等。中国吉祥花卉图案的发展，源远流长。自先秦发展至唐代，图案纹样的风格深受当时绘画的影响，极具富丽堂皇、绚丽多彩之美。明式家具中的花卉人物吉祥图案，正是继承并弘扬了唐代的遗风，充分体现出一种强烈的雍容华贵、饱满豪放的审美追求。山水人物则展现带有情节性和故事性的画面。

仿古纹饰：有仿古玉纹饰，仿青铜博古纹饰等。明末清初，世人崇尚幽雅清净，以致博古之风大兴，考古、金石学成为时尚。博古图案也因此成为家具的重要装饰之一，尤其在清代紫檀木家具中，饰以古玉纹饰者甚多。

西洋纹饰：清康熙年间，宫廷中使用西洋艺术匠师。这些西洋艺师的影响，主要在建筑与绘画方面。建筑上，朝廷兴建了中西合璧的圆明园。绘画上，郎世宁把西洋绘画艺术及装饰风格介绍到中国，并用中国画表现出来。传统家具受其艺术渗透，所以出现了特有的西方装饰纹样的明式家具。其中西番莲纹是西洋纹饰的代表，在西方它犹如中国的牡丹一样备受人们的喜爱，并在雕刻上有着比牡丹更大的变化随意性。

2 | 家具雕饰的美学意义

因美而生感知，是人类的审美本能，通过接触家具的雕刻，我们就能体会出启迪人类审美灵感的美学意蕴。

家具优美的造型即是完整的雕塑杰作。家具之所以能产生如此撼人心魄的魅力，除了制作家具的珍贵木材外，家具的造型是其主要原因。我国传统家具，就其造型而言，主要吸取了建筑大木梁、门床及须弥座等形态。这种造型，把建筑艺术的连接有序、穿插有度，以及壶门床和须弥座的稳定牢固、平衡和谐、美观通透的东方美学神韵发挥到了极致。事实上，一件精美家具无论它是精雕细琢，

△ **红木长方几　清代**
长48厘米

还是光素无华，就其造型而言，已经是一件完美的雕塑杰作了。

舒展流畅的曲线结构是家具雕刻艺术的灵魂。家具中不少使用圆材，使其弯转有度，精巧流畅，以表现曲线美。这在圈椅的椅圈、灯挂椅的搭脑上得到了充分的展现。明式家具中的罗锅枨、三弯腿、透光、鼓腿彭牙、内翻马蹄、云纹牙头、鼓钉等，都体现了我国历史上划时代的家具装饰美学的审美追求，这正是明式家具装饰美学的灵魂。因而，这种与整体家具融为一体的装饰可谓是结构化的装饰，它既具备了加固、支撑、实用的功能，又起到了点缀美化的作用，这种结构化的装饰无不体现着雕刻工艺的特征。

线脚的走势使家具装饰产生极富动感的韵律。传统家具的线脚看起来似乎很简单，其形不外乎平面、凸面、凹面，其线不外乎阳线和阴线。但针对实物细心观察，就会发现线脚变化无穷，线和面的深浅宽窄、舒急紧缓、平扁高低，稍有改变便会使家具形态各异。根据不同的家具风格，采用不同的线脚，会产生截然不同的装饰效果。因此，通过这种自然畅达的线脚走势，我们完全可以品味到家具雕刻艺术中十分富于流动感的美妙韵律。

鬼斧神工的雕刻手法使家具精美绝伦。精美的雕刻是家具中主要的装饰手法，其雕刻技法，包括圆雕、浮雕、透雕、半浮雕半透雕等。圆雕，多用在家具的搭脑上，如明式家具中的紫檀折叠式镜台搭脑两端的龙头。浮雕，有高浅之分，高浮雕纹面凸起，多层交叠；浅浮雕以刀代笔，如同线描。透雕，是把图案以外的部分剔除镂空，造成虚实相间、玲珑剔透的美感。它有一面作和两面作之别，两面雕在平面上追求类似于圆雕的效果。透雕多用于隔扇、屏风、架子床、衣架、镜台等。半浮雕半透雕，主要用在桌案的牙板与牙头上，展示出一种扑朔迷离的美感。

家具雕刻艺术蕴含着形式美学原则。所谓美学原则，即是富有时代意义的某类艺术作品中所呈现出来的美学规律。这种规律或原则，具有十分精粹的艺术内容，且有着经久不衰的艺术生命力。明式家具的雕刻艺术，无不散发着这种艺术气息。

从家具雕刻的艺术形式来看，可以归纳出三项颇为突出的美学原则： 一为点睛之笔，这是指在家具的显要位置上点缀纹饰，给家具安上“眼睛”，使它富有生命的活力。这种装饰在椅具中常放在靠背板上方，力求创造灵动通秀、主题突出的美学效果。二为流动之线，这是指在桌案的牙板四周施以雕刻，以求家具在静态中展现出动态感，给家具环绕上一条流动的“飘带”，以产生流动之美。这些家具的腿足、肩部多雕兽面，牙板雕螭纹、凤纹、花草纹，纹饰异常生动活泼。三为工巧之韵，这是指家具雕刻极力表现出奢华与繁缛，以达到华丽的审美效果。

中国传统家具就其整体造型而言，立足于沉稳端庄、方正严谨，但雕刻纹饰却与造型有着迥然不同的风貌，无论山水花卉、鸟兽鱼虫，人物故事、神话传说，大都具有热烈奔放的特征，这与端庄肃穆的家具造型形成了鲜明的对比，给沉静的形体平添了一笔流动的性情。

总而言之，雕刻在明式家具的艺术整体中起到了举足轻重的作用，它是家具不可分割的重要组成部分，体现着家具设计美学的智慧光芒，传递着历朝历代工艺思想追求的审美情趣。是中国雕刻艺术形式的辉煌创造，又是中华民族文化的宝贵遗产。

3 | 家具雕刻的手法

雕刻、镶嵌、髹漆是古典家具中表面装饰的三大工艺技巧，其中雕刻尤为常

△ **红木炕桌　清代**

长75厘米，宽49厘米，高30厘米

△ **花梨木躺椅　清代**

宽48.5厘米，深61厘米，高75厘米

见与重要，它是我国古典家具装饰艺术的生动体现。

古典家具的雕刻历史极其悠久，在漫长的家具制作过程中，形成了各地的雕刻流派及其雕刻特色，现将其主要介绍如下。

（1）留底雕刻

所谓留底雕刻，即被雕刻家具的木板不去底镂空，这个工艺也称“着地雕”，它包括线刻、阴雕、浮雕，是古代家具主要装饰的工艺之一。

线刻又称“线雕”，是用刻刀直接在木料上刻画出纹饰图案。它是以线条为主要的造型手段，具有流畅自如、清晰明快的特点，犹如中国画中的“白描”。线刻在古典家具中比较常见，又分为阳线和阴线两种，通常用来装点某一局部，一般很少大面积使用。

阴雕又称“沉雕”。指凹下去雕刻的手法，它与浮雕相反，常见于围屏、橱柜、箱匣等家具。阴雕常常在经过上色髹漆后的器物上使用，这样所刻出来的器物，能产生一种漆色与木色反差较大，近似中国画的艺术效果，富有意味，其雕刻内容大多为梅、兰、竹、菊之类的花卉，也有诗词、吉祥语之类的文字。这种技法主要用于髹漆家具，同时又是漆器家具中常用的手法。它与线刻同属于“阴纹”装饰，但也有区别。如果说前者是“白描”，阴雕则是“写意”，同时在工艺上有平底与随意之分。

浮雕包括浅浮雕和深浮雕，是指所雕花纹图案要高出底面，是古典家具中主要的雕刻装饰技法。所谓浅浮雕是将所浮凸的雕体一般不到总立体雕的二分之一，比较接近线条雕刻，具有较明显的轮廓线，散发出清逸静雅的装饰感。所谓深浮雕，是一种多层次、多深度、浮凸度高的雕刻，有一种流动的线条感。它不像浅浮雕那样，而更像一种雕塑，追求的是形象的遇真性与完整性。深浮雕的底面不像浅浮雕那样被处理为“平地”，经常要处理为“锦地”，即在底面还要进行雕饰。深浮雕不仅是装饰家具的一种主要形式，而且是表现不同家具流派与风格的一种标志，比如说广式家具较雄浑，苏式家具较清秀，园林家具较华丽，乡村家具较古朴等。

（2）无底雕刻

无底雕刻是相对留底雕刻而言的，它们都属于立体类雕刻工艺。无底雕刻有透雕、镂雕、圆雕和透空双面雕。

透雕，是镂空的雕刻手法，是将花板底子镂空的一种方式，它通常只雕刻器物的外表面。透雕深受建筑木雕的影响，因为这种雕刻将底子镂空了，能产生一种穿透木质的视觉，具有浮雕的灵秀之气。这种艺术手法是明清家具中各种牙板的雕刻工艺，深受建筑木雕的影响，产生一种空灵秀美的感觉。

镂雕，又称“通雕”，是一种多层次的镂空雕刻。它吸收了其他雕刻工艺的长处，又融合成一种较为独特的雕刻技法，具有较大的容纳量和表现力。这种雕刻在潮州木雕中最为常见。镂雕又可分为立体与平面两种，立体镂雕是一种四面立体的雕刻方法，而平面镂雕，只是层层叠叠、交错穿插的雕刻。镂雕是明清大

△ **海南黄花梨皇宫椅、几（三件）　清代**

椅：宽60厘米，深48厘米，高99厘米；几：长48厘米，宽46.5厘米，高68.5厘米

此椅通体为海南黄花梨老料，木纹流畅生动，椅圈五接，衔接自然，线条流畅。靠背攒框做成，分三段装饰：上段开光镂空卷草纹，中段镶素板一块，落膛踩鼓做法，下段亮脚雕倒挂蝙蝠，靠背板与椅圈及椅盘相交处，透雕卷草纹角牙，座面攒框装板，落膛踩鼓，椅面下有束腰，鼓腿彭牙内翻马蹄，腿足落在带龟脚的托泥之上。茶几方圆有度，几面格角攒边，四框内缘踩边打眼镶面板。

型家具中经常使用的一种技艺。

圆雕，是一种完全立体的雕刻，前、后、左、右四面都要雕刻出具体的形象来。它实际是一种具有三维空间艺术感的雕塑作品，内容多取材于人物、动物、植物，多以吉祥为题材，供人们欣赏为目的。通常表现家具的主体和主料，如端头、腿足、柱头等部件，还有挂灯架、灯座、摆件底座等饰件，可以将家具比作成一件完全独立的艺术品。这种高超的雕刻技艺，以广式家具为最常见，是清代家具的最主要特征之一。

透空双面雕，即两面都雕刻的透空雕。可供人们双面欣赏，类似苏州的“双面绣”。这种工艺需要匠师具有高超的智慧与巧妙的构思。透空双面雕大多施工于牙板、门窗板与花板上，一般有两大类：一类是正反图案相同，只不过一正一反而已；另一类是正反图案相异，这种透空双面雕具有很高的艺术欣赏价值，即便整件家具散架了，其雕刻板也可作为单独的艺术品。

4　家具雕饰的部位

家具雕饰的部位通常包括束腰、牙板、搭脑、矮老、托泥、帐等，其主要介绍如下。

束腰指在家具的面框或顶框下方向内收缩一圈的工艺，源于建筑的须弥座，最早出现于唐代，至明清而兴盛。它常用于床、桌、凳、几、椅、柜等家具，有低束腰与高束腰之分，不仅能增加家具的稳固性，而且具有挺劲灵秀的效果。束腰与无束腰是我国传统家具造型的两大风格，直至今天，束腰仍是家具的造型手法。

牙板，又称为牙条、牙子，它是装饰家具前面及两侧框架边沿的部件，不仅美化家具，又增强家具的牢固程度。牙板有素牙板和花牙板之分，牙头常雕云纹、回纹、如意纹，以强化它的美感。框架结构的牙板，常以门券口的形式出现。有时牙板甚至是家具最主要的结构装置，例如屏架式家具。不同部位的牙板，有着不同的称法，如呈侧角状者称“角牙”，下部垂

△ **黄花梨圆角柜　明末清初**

长73厘米，宽42厘米，高120厘米

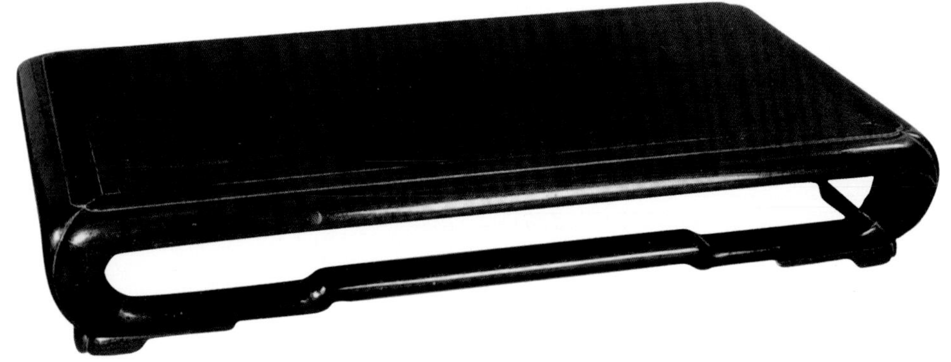

△ **红木方几　清代**
长82厘米

直状者称“站牙”，上部垂挂状者叫“挂牙”，倾斜状者叫“披水牙”。

搭脑，椅类家具后靠背顶端的横档，因正好位于人的后脑勺得名。宋元时，椅子的靠背升高，出现了搭脑。搭脑通常表现为三种形态：其一，与椅子后立柱、扶手保持相同造型风格，如南官帽椅、玫瑰椅等；其二，中间加厚放厚型，如太师椅；其三，花色型，一般多为吉祥物，如洋花椅、长椅等。搭脑是椅具造型的重要组成部分，它的优劣是椅具身价的重要特征之一。

矮老，指桌案、凳椅、床榻等家具的面板下横档上的小立枨，它是明清家具不可缺少的装饰构件。矮老的造型基本与家具的风格保持一致性，可单件一组，也可双件一组，表现手法灵活机动。另外，在落地博古架与橱柜的腰间或底部，有时也会出现矮老装置。还有一种被美化过的矮老，叫作“卡子花”，它雕刻成

△ **黄花梨两撞提盒　明末清初**
长34.5厘米，宽19厘米，高22.5厘米

△ **黄花梨圆腿直枨长方凳　明末清初**
长52.5厘米，宽43厘米，高52厘米

各种各样的图案，如方胜、卷草、云头、玉璧、铜钱、花卉、双套环等。它们是装饰明代家具重要的工艺手段。

托泥，垫托在家具足下，并连接固定家具足腿的部件。它与束腰一样，是明清家具的造型手法。通常表现为圈形、条形和方框形。其实，托泥也不直接落地，一般要在托泥的下面装置底足，俗称“龟足”，具有防潮防腐的作用。经常出现托泥的家具有香几、案几、铜鼓桌、坐墩、绣墩、扶手椅、画案等。托泥的作用，除稳固家具外，还具有宽大、厚重与精致的艺术效果。

枨即“支柱”的意思。枨是明清家具重要构件之一，据考证它最早出现于宋朝。枨的形式主要有三款：其一为“直枨”，基本是根直棍，安于桌几、凳椅的腿足间，有单枨，也有双枨；其二为“罗锅枨”，即中间部位向上凸的枨棍，具有曲直的线条美，常与矮老与卡子花搭配；其三为“霸王枨”，这是一种弯曲状的枨棍，它不是安在家具的腿足间，而是连接腿足内侧与桌面之间的构件。

△ **红木雕云龙靠背椅（一对）　清中期**

宽53.8厘米，深42厘米，高90.5厘米

三 艺术装饰的鉴赏

装饰俗称美化，为了使家具增加美感，自古以来，人们就采用各种各样的方法，提高家具的装饰艺术水平。古典家具在装饰上，集历代家具装饰方法之大成，从只求单纯而不加华饰的清料加工，到重雕刻、镶嵌，以及各种装饰工艺的综合运用，都不乏传世实物之精品。

1 | 装饰上崇尚材质优美

所谓清料加工，是指选用硬木好料，通过精心设计制作，充分体现出木材的优良属性，使人们能更好地获得材质美的艺术感受。这种装饰意境，使人并不感到是一种装饰，但确实有着十分重要的装饰意义。这类家具做工特别出色，尤其是案桌的面板、橱门板、椅子的靠背板，用料之精选和考究，常常令人爱不释手。这是明式家具优秀装饰传统在古典家具上的继承和发扬。

古典家具在装饰上，结合木工工艺的装饰手法，有线脚和兜接。

△ **红木三人椅　清代**

长181厘米，宽58厘米，高79厘米

线脚，是家具表件断面所呈现的方、圆、凹、凸不同形状在部件表面产生的各种线形，如家具面框侧边的冰盘沿，柱脚与牙板边沿的线脚，束腰、叠刹造成的线脚等。这些线脚在增强家具形体造型的同时，又是最特殊的装饰语言。

兜接，北方称“攒接”，宁波地区俗称“拷头”。所谓兜接，就是运用榫卯将特定设计制作的短木板以横竖斜直的方式拼接兜合成各种装饰性构件，有的组合成冰纹格，有的连接成十字连方，以及字花、回纹汉纹等不同的几何形纹样。这种手法运用部位十分普遍，如椅子的扶手、床的门罩、榻的栏杆、搁几的立墙，以及案桌牙子、踏脚的花板等。有些花团锦簇的四方连续图案，采用桩头连接镂空花片组成的装饰构件，有人拟名“斗簇”，其实是兜接的变体做法。这种做法的效果非常华丽，但因花片或左右、或上下，不可避免会出现短丝镂而容易开裂损坏，故花片的设计更需要格外用心，并能做到别出心裁，才能更胜一筹。

2 | 雕刻装饰精美细致

装饰好似锦上添花，施加花纹图案雕刻是最方便和最具有表现力的手段。古典家具运用多种木雕形式，取得了卓越的装饰效果，常见的有线雕、阴雕、浮雕、平地实雕、透雕、半镂半雕和圆雕等。

线雕一般是指在平面上用V形的三

△ **黄花梨有束腰马蹄腿半桌　清代**

长86厘米，宽95厘米，高47厘米

明清时期常将两张半桌合并成方桌，又可将两张半桌分开陈列在屋子左右两边，使用方便。此半桌造型规矩，包浆浓厚。

△ **黄花梨圈椅　清代**

宽61厘米，深48厘米，高99厘米

此圈椅选料精良，造型高贵，比例优雅，线条流畅，雕饰精彩。

角刀起阴线的一种装饰方法。雕成的花纹图案犹如勾勒白描，优美生动的线条宛如游丝，刻划自如，生趣盎然。在古典家具上运用铲地形式表现出阳线花纹图案的也称线雕，工艺手法应归入平地实雕类。

浮雕，顾名思义是花纹高起底面的雕刻形式。根据花纹的高低程度，有浅浮雕和深浮雕，又有见地和不见地之分。见地的还有平地与锦地之分。平地的浮雕一般又被称为实地雕，浮雕花纹四周的平地是铲挖出来的，经铲挖后再用刮刀刮平，锦地则需要在平地上阴刻。平地或锦地浮雕大多不深，属于浅浮雕。有时平地浮雕仅薄薄的一层，不见刀痕，平帖圆润，与深浮雕之起伏犀利成为鲜明对照，在雕刻艺术上呈现出两种不同的格调。当然，深浮雕也有浑然藏锋的。在家具雕刻行业中，常常表现出不同的派别和风格，一般以浑厚清澈为佳。

透雕，就是将底子镂空而不留地的雕法，可以用来表现雕刻物整体的两面形象。但是家具透雕有些并不需要两面都看到，因此也有一面雕刻一面平素不雕的。镂空的方法一般并不采用凿空，而是运用传统线弓，即使用手拉钢丝锯拉空后再施加雕刻。两面都作雕镂的称“双面雕”。在双面雕刻中又有一种北方称作“整挖”，江南称作“半镂半雕”的透雕。所谓半镂半雕，就是在有的地方用线弓拉空，有的地方用凿子剔空。这种雕法，剔挖枝梗，错落灵活，贯穿前后，表现力最为丰富。有的正、背两面并不一样，一面叶在梗下，一面梗在叶下，花纹周围空间不论是拉空还是剔空的，都要处处出刀。透雕刻划细致，富有玲珑剔透的艺术效果。

圆雕，是立体的雕刻形式，以四面浑然一体的手法表现雕刻的内容，家具的柱料、横料端头、腿足、柱头等，都可使用这种形式。圆雕的优秀作品宛如一件完整的艺术品。

在家具上采用哪一种雕刻形式，需根据家具部件和整体设计要求，只要应用得当，雕刻技艺高明，各种雕刻形式都可以起到画龙点睛的作用。还有，以几种方法相结合的形式，也常能产生独特的装饰效果。

古典家具的雕刻深受清代建筑木雕工艺手法的影响，变化较多，形式繁复，但因木质的功能差异，与建筑木雕又有所不同。一般说来，古典家具的雕刻更追求耐看和近看，比较讲究。至清代中期以后，雕刻又逐渐出现了许多

△ **红木百宝嵌插屏　清代**
长60厘米，宽21厘米，高62厘米

减工的做法，如阴阳额、拉空花板等，清道光、咸丰时广为流行，致使许多雕刻装饰十分粗糙简陋。

3 镶嵌装饰华丽高贵

古典家具的镶嵌装饰也颇有特色，如嵌木、嵌瓷、嵌石、嵌骨、嵌螺钿等，它们运用各种材料，将不同色泽、质地和纹理的镶嵌物，在与硬木的对比中获得别开生面的装饰效果。因地域差异，又形成了各自的地方特点，如宁波的骨嵌、广州的螺钿嵌等，都达到了很高的水平。

△ **剔红百宝嵌婴戏图挂屏　清代**
宽61.7厘米，高114厘米

直接将骨、螺钿等材料嵌入硬木表面的方法俗称“硬嵌”，其工艺与漆器镶嵌有所不同。以牛骨平嵌为例，首先是根据设计图稿使用薄纸复画，把复画下来的样稿，按骨材的大小及图案剪成若干小块贴到骨片上，并锯成花纹，在待嵌的底坯上相继进行排花、胶花、拔线（按骨片花纹在坯上划线）、凿槽等工序，接着在锯成骨片花纹底面及木板的起槽缝内涂上鱼胶，把骨片纹样敲进槽内胶合，然再进行刨平、线雕、髹漆、刻花等工序。

螺钿嵌大多为硬螺钿，切片有薄有厚，挖陷深度也不一样。用来镶嵌的螺片彩色闪烁，嵌成的图案花纹随着照射光线角度的不同，色彩也会变化。不少精心设计制作的嵌螺钿硬木家具，色调富丽堂皇，装饰情趣别具一格。嵌螺钿一般不用动物胶，而使用生漆腻子，即在生漆中加入少许填充粘合剂，晾干后极其牢固。

以石板作镶嵌也是古典家具屡见不鲜的一种装饰。实用的案桌面心、杌凳面心、椅子靠背等常使用石板镶嵌，装饰观赏的挂屏、台屏也有使用。用于家具镶嵌的石材一般称为“云石”，因产地在云南得名，其中以点苍山的质地最优。据历史记载，早在唐代，云石就已被开发利用，当时称作“础石”，又称“点苍石”，至明代称为“大理石”。云石的种类繁多，显露天然鱼纹的称“彩花石”，现出天然云纹的叫作“云炭石”。许多名贵的品种，石色白得如玉，黑得如墨，石质细腻润滑，石纹天然成画。用作家具装饰的云石，都需经过开面。所谓“开面”，是用蟋蟀瓦盆的碎片浸水，慢慢碾磨石面，使之花纹逐渐清晰明朗。除云石以外，还有广石、湖石、川石等，大多以不同的产地来命名，有些石面虽花纹流动，风卷云驰，但石质生硬，画面一览无余，缺少若隐若现的意境，故品位不高。古典家具以云石作为装饰，由来已久，它与我们民族古老的石文化和文人爱石、崇石、玩石的习气有着密切的渊源关系。

与嵌石相似的是嵌瓷。制瓷本身就是一种工艺美术，高级的瓷器也是高贵的艺术品，因此，古典家具以嵌瓷作为装饰，其目的也是为了提高家具的品位。用作镶嵌的瓷板总是有优有劣，故与之相配置的硬木家具，在格调和情趣上也大相径庭。

嵌木常见的是瘿木，用做桌面心、凳面心、靠背板、橱门板。瘿木不仅有细密旋转的花纹，富有装饰性，而且不易开裂、涨缩，故大多用来制成板材，镶嵌在明显的部位上。其它的嵌木木材还有黄杨，如角牙、结子和束腰上的嵌条，以及镶嵌浮雕花纹等。因为黄杨木色浅，呈橙黄色，与红木色泽对比鲜明。

古典家具的镶嵌装饰还综合运用各种珍贵材料，如珍珠、玉石、象牙、珊瑚、玳瑁等，称作“百宝嵌”，还有以金属，如白银、黄铜等作花纹镶嵌，都能使家具显得豪华贵重，不同凡响。

△ **红木云石二人椅　清代**

长114厘米，宽55.5厘米，高90厘米

此椅红木质地，罗锅枨式搭脑透雕双龙，背部中部攒框镶云石，饰处及两侧搭手透雕拐子纹。席心座面，束腰置炮仗洞，牙板浮雕拐子纹，直腿起灯草线，内翻马蹄足。

4｜图案花纹多姿多彩

红木家具的装饰，无论是雕刻还是镶嵌，都离不开运用各种图案，这些图案花纹按表现种类可分为单独纹样、边缘纹样、角隅纹样、适合纹样、连续纹样等。在设计制作中，都必须遵循木雕和镶嵌各自不同的材质特性和工艺特点，以求尽善尽美。例如椅背中央雕刻的凤凰牡丹纹样，石纹、细长的花茎和直立的凤足，都应该保持与木材自然一致；在一个圆形的构图中，牡丹、凤凰、湖石的组合既平衡又有变化，成为一幅别具艺术特色的木雕装饰画。在镶嵌中，人物、山水、树木常常不按自然比例，常采用夸张的手法，勾勒出形象的外部轮廓后，再根据形体结构稍加刻划、点缀，故而显得简练而有古趣。

任何品类和形式的家具，不同部位或各种部件，它们的形状不同，大小不一，纹样各异，但都随形状大小的变化，表现出不同的个性特征。例如结子，北方称为“卡子花”，是古典家具中的装饰性部件，除了起支撑以外，更富有装饰作用，通过精心的设计和运用各种表现手法，常常能起到以少胜多、画龙点睛的作用。又如琴桌脚头上的雕刻点缀图案，一朵小小的灵芝云纹，上下左右变化之多样，同样使人们感到美不胜收。

古典家具的许多装饰部件，还形成了不少有规律的程式化的图案形式，体现了家具装饰图案设计的高度水平。例如家具两立柱之间的牙板图案，同一内容却可看到许多种不同的变化，构图大多对称而舒展，具有独特的装饰美。

各种传统装饰纹样，例如青铜器纹样、玉器纹样、陶瓷纹样、漆器纹样、植物纹样、建筑纹样等，都被用来作为古典家具装饰图案的借鉴，并且随着时代的发展，在吸收外来文化的同时，表现出新的题材和内容。若将这些图案汇集起来，加以很好地整理和研究，则是一份十分宝贵的艺术财富。

△ **黄花梨四面平榻　元或明早期**

长199厘米，宽116厘米，高46厘米

四 明式家具的鉴赏

1 | 明式家具的纹饰特征

对于明式家具来说，简朴素雅，端庄秀丽的风格，是其根植于收藏者心中永恒的概念，尤其近年来的欧美流行时尚，非光素不足取。对明式家具中的纹饰反而没人推崇，所以在此方面很少有深入的研究。

△ **黄花梨壶门炕桌（一对）　明代**

长56厘米，宽36.5厘米，高15厘米

△ **黄花梨直枨酒桌　明代**

长100厘米，宽68厘米，高85厘米

△ **黄花梨三足笔筒　明代**

高18厘米，直径16厘米

明式家具的纹饰，可以简单地划为三种：繁缛、点缀、光素。

（1）繁缛

此类家具可谓穷极工巧，凡能入刀处皆入刀，表现奢华的同时，更能体现出工匠非凡的设计与技巧。这种繁缛之风与明代嘉靖、万历时期，朝野推崇的热烈浓郁的时尚有一定的因果关系。这一时期，瓷器等其他类工艺品的装饰也是见缝插针，密不透风，不讲究留有空间，这种反常规的审美观大约持续了一百年，形成风格后也得到了后人的承认。我们今天能看见的明代繁缛类别的家具，大约都属这一时期。

△ **杉木雕花佛柜　明代**

长161厘米，宽79厘米，高177.5厘米

△ **黄花梨带托泥方形火盆架　清中期**

边长20厘米，高46厘米

此火盆架攒框装心面板下设穿带，正中圆形开口，用以盛放火盆。冰盘沿起拦水线，装云纹铜包角。壶门牙板与束腰一木连做，牙板阴线雕有如意卷草纹，高马蹄腿带托泥。

（2）点缀

此类家具是明式家具的主流。即在家具的显眼部位，点缀以纹饰，表现主题，注重装饰效果，是大部分明式家具的做工手法。

这种点缀的装饰，除了省工的因素外，更重要的是家具的“眼”，展现流动之美。例如在椅具中常放在靠背板的上方，以便视觉能迅速地找到中心，又如在桌案中则通常以线脚或纹饰在牙板四周装饰，使家具环绕上一条流动的“飘带”。至于床榻柜架等家具，或围子，或牙板，点缀部分纹饰，目的都是使硕大的家具有灵动的地方，不至于有压抑的感觉。

（3）光素

此类是指没有纹饰，也没有线脚的明式家具，其实属于这类的家具很少，多见于四面平画桌、方凳、架几案等。最为典型的是四面平不起线画的桌或凳。这类家具如果非要找出装饰成分，只能算上内翻马蹄足，腿与牙板相交的牙嘴，它们均有微妙的曲线装饰。

明式家具中纯粹光素的是极少部分，纯粹光素的明式家具，摒弃纹饰，摒弃线脚，完全是为了突出面与面的相交与展现。它所表现美学境界中的冷峻和刚硬，暗含了中国古代文人的世界观。由于家具光素，使人找不到“眼”，也寻不到“飘带”，所以注意力被迫放在家具自身，把一切具有动感的地方隐去，进而静态就显出了生机。

2 | 明式家具工艺的鉴赏

（1）明式家具的结构

从传世的明式家具看，虽然历经百年沧桑，甚至局部不完整，但仍可见各部位全部榫卯连接，胶粘辅助牢固，而板面与边框绝无胶粘，全部家具均可拆装。

正是这种科学严谨的结构，才使得众多古董家具传世至今，也依然焕发着吸引现代人的魅力。

从细节上看，明式家具的结构基本上是采用榫卯结合的框架结构，比较纤巧简雅，榫卯精密，坚实牢固，合乎力学原理，极富有科学性。不用钉子少用胶，不受自然条件的潮湿或干燥的影响，制作上采用“攒边”等做法。

在跨度较大的局部之间，镶以牙板、牙条、券口、矮老、霸王枨、罗锅枨、卡子花等构件，既美观，又加强了牢固性。明代家具的结构设计，是科学和艺术的极好结合。时至今日，经过几百年的变迁，家具仍然牢固如初，可见明代家具的榫卯结构，有很高的科学性。

榫卯的种类繁多，结合牢固，通常有通榫、半榫、托角榫、长短榫、抱肩榫、勾挂榫、燕尾榫、穿带角榫、夹头榫、插肩榫、楔丁榫、格角榫、粽角榫、闷榫、穿楔、挂楔、走马梢、盖头楔等形式。

明式家具的基本构造都是将主要构件，如腿料、框料、档料、材料等组合成一个基本框架，再根据功能的需要，装配不同的板料和附件。

在构件的结合上，采用传统建筑木构件的榫卯结构的结合方式，充分发挥线条艺术的魅力，是明式家具造型的显著特色。例如在扶手椅、圈椅、案、几等

△ **黄花梨嵌绿端石炕桌　明代**

长87厘米，宽58厘米，高29厘米

家具的造型中，不论是搭脑、扶手、柱腿、牙子等构件的线型，都非常简洁、流畅、挺劲、优美而富有弹性和韵味。

明式椅具的靠背板采用曲线，在功能上满足了人体靠坐时的舒适感，在审美上，则与中国书法的“一波三折”有着异曲同工之妙。通过各种直、曲线的不同组合，线与面交接所产生的凹凸效果，既增加了家具形体空间的层次感，又丰富了线条在家具设计中的艺术表现力。

明式家具的椅凳面、桌案，普遍采用“攒边”的工艺，体现了中国传统文化所倡导的含蓄、内向的文化精神。

明式家具的结构设计体现了人体工程学，在结合力学设计中，明式家具主要以舒适为主，比如它的靠背会采用S形曲线，符合人体的脊背特征，靠久了也不会感到累。

另外，很多凳子还有脚踏枨，是专门给双腿提供“休息”的地方。

（2）明式家具的造型

严格的比例关系是家具造型的基础。明式家具，其局部之间的比例、装饰与整体形态的比例，都极为匀称而协调。例如椅子、桌子等家具，其上部与下部，其腿子、枨子、靠背、搭脑之间，它们的高低、长短、粗细、宽窄，都令人感到无可挑剔的匀称、协调，并且与功能要求极相符合，没有多余的累赘，整体感觉就是线的组合。

其各个部件的线条，都呈现挺拔秀丽之势，刚柔相济，线条挺而不僵，柔而不弱，表现出简练、质朴、典雅、大方之美。

明式家具的造型十分重视与厅堂建筑相配套，线条组合给人疏朗空灵的艺术

△ **黄花梨带座书箱　明代**

长38厘米，宽21厘米，高15厘米

△ **黄花梨两撞小提盒　明末清初**
长18厘米，宽11.5厘米，高14厘米

△ **黄花梨大官皮箱　明末清初**
长37厘米，宽28.5厘米，高40厘米

效果，与繁复奢华的清式家具相比，明式家具以清新素雅、简练概括而取胜，因此在古典家具市场中，一直流行着"十清不抵一明"的说法。

在造型特征上，明式家具设计讲求严密的比例关系和适宜的尺度，在此基础上与使用功能紧密地联系在一起，力求达到功能与形式的完美结合。在造型中运用曲线，无论是大曲率的着力构件，还是小曲率的装饰线脚、花纹、牙板，大多简洁挺劲，圆润流畅，而无矫饰。

明式家具造型风格源于汉唐，恢宏于明初，可见当时文人追崇古朴自然的风气。又由于经典明式家具主要用于宫廷及官宦之家，其形制在浑厚古朴之中又增加诸多华美艳丽的雕饰，以展示其贵族气象。

明式家具造型的发展演变有两大特点：第一，崇尚古朴与崇尚华丽两种审美观念并存；第二，代表经典明式家具制作的宫廷家具，恰恰体现了追求华美雕琢而兼含古朴内致的审美取向。所以，崇尚古朴与追求华丽并存，成为明式家具结构造型的一个显著特征。

（3）明式家具的雕刻艺术

经典明式家具的制作者大都是工艺制作高手。据文献记载，明代开山派竹刻大师朱松邻、濮仲谦二家并不专事竹刻，而兼刻犀角、象牙、紫檀等。由此可知，竹、木、犀、牙等刻件是不分家的，因而，许多不同材质的雕刻精品很可能出自一人之手。

雕刻的技法有浅刻，平地浮雕、深雕、透雕、立雕等。构图多采用对称式，或在对称构图中出现均衡的图案。

雕刻的题材多种多样，动物纹有龙凤、螭虎、虬夔、狮、鹿、麒麟，植物纹有卷草、缠枝、牡丹、竹梅、灵芝、宝相花，其他纹样还有十字纹、万字纹、冰

△ **紫檀四季花书柜（一对）　清代**

长100厘米，宽36厘米，高200厘米

此书框四面平式顶，上部三层四面开敞，三面镶安带石榴纹矮老、梅枝花板围子，三层樀下平列抽屉两具，屉面板于委角方形开光内各雕竹、菊图案。配铜质面叶、吊牌，屉下设柜，对开双门，心板分别雕竹、菊图案，并刻苏轼题诗，配有铜质合叶，面叶、吊牌；柜下正面足间装垂云头，雕兰草牙子。

裂纹、如意云头纹、玉环纹、绳纹、云纹、水纹、火焰纹以及几何纹等。

仔细推敲，其中颇有一些规律可循。比如，明式家具雕刻中常见的飞禽走兽纹，明显带有先秦及魏晋南北朝造像的遗风，雄浑而博大，使人不由得想起汉代宫阙的深厚拙朴，六朝陵墓石兽那般奔放劲健的风姿。

花卉人物吉祥图案，继承并弘扬了唐代的遗风，充分体现出一种强烈的雍容华贵、饱满豪放的审美追求。

山水人物则往往是带有情节性和故事性的画面。

博古纹案雕工细致，意境高古，俨然有金石拓本之美。

西洋纹饰则反映了外来艺术的美学影响。

从而不难发现，明式家具的雕刻艺术与先秦两汉传统艺术有着一脉相承的渊源。

很多人认为明式家具的特征是简洁而朴素，因而排斥明式家具的纹饰与雕刻，甚至出现了非光素不足取的偏激观点。事实上，纹饰与雕刻在明式家具中无所不在，即使被列入光素家具的一类，也充满着奇异的装饰色彩，其主要表现在三个方面。

第一、优美的造型即是完整的雕塑杰作。我国传统家具造型，把建筑艺术的连接有序、穿插有度，以及门床、须弥座的稳定牢固、平衡和谐、美观通透的东方美学神韵发挥到极致，无一不体现出方正凝重的三维造型。

第二、曲线结构是明式家具雕刻艺术的灵魂。明式家具中的罗锅枨、三弯腿、透光、彭牙、鼓腿、内翻马蹄、云纹牙头、鼓钉等，既具备了加固、支撑、实用的功能，又起到了点缀美化的作用，体现着雕刻工艺的特征。

第三、线脚的走势产生极富动感的韵律。根据不同的家具风格，采用不同的线脚，会产生截然不同的装饰效果，通过自然畅达的线脚走势，我们完全可以品味到明式家具雕刻艺术中富于流动感的美妙韵律。

精美的雕刻是明式家具中主要的装饰手法，处处可见鬼斧神工的雕刻图案，其雕刻技法包括圆雕、浮雕、透雕、半浮雕、半透雕等。

圆雕，多用在家具的搭脑上。

浮雕，有高浅之分，高浮雕纹面凸起，多层交叠，浅浮雕以刀代笔，如同线描。

透雕，是把图案以外的部分剔除镂空，造成虚实相间、玲珑剔透的美感。它有一面作和两面作之别，两面雕在平面上追求类似于圆雕的效果。透雕多用于隔扇、屏风、架子床、衣架、镜台等。

半浮雕半透雕，主要用在桌案的牙板与牙头上，展示出一种扑朔迷离的美感。

从明式家具诸多雕刻作品的艺术形式上看，可见其美学原则往往体现在点睛之笔，这是指在明式家具的显要位置上点缀以纹饰，给家具安上“眼睛”，使家具的富有生命力。这种装饰在椅具中常放在靠背板上方，力求创造灵动通透、主题突出的美学效果。

明式家具雕刻充满流动之线，这是指在桌案的牙板四周施以雕刻，以求家具在静态中展现动态感，给家具环绕上一条流动的“飘带”，以产生流动之美。这些家具的腿足肩部多雕兽面，牙板多雕螭纹、凤纹、花草纹，异常生动活泼。

明式家具还可见工巧之韵，这是指家具雕刻极力表现奢华与繁缛，以达到热烈华丽的审美效果。

明式家具的雕饰与实用不是分离的，而是紧密结合。雕饰除反映当时的历史文化外，同时，也反映了家具制作的工艺美，例如椅子下部的券口通常由三块牙板组成，券口饰以线形、花叶形、门等装饰，使券口看似是一个整体，掩饰了家具必有的接缝。

（4）明式家具的装饰工艺

明式家具的装饰手法，可以说是多种多样，雕、镂、嵌、描都为所用。

雕饰的部位，多在座椅脚柱间的牙板上，靠背的背板及构件的端部。比较而言，明代是起点睛或烘托的作用。

明式家具装饰用材也很广泛，珐琅、螺钿、竹、牙、玉、石等，样样不拒。但是决不贪多堆砌，也不曲意雕琢，而是根据整体要求，实施恰如其分的局部装饰。

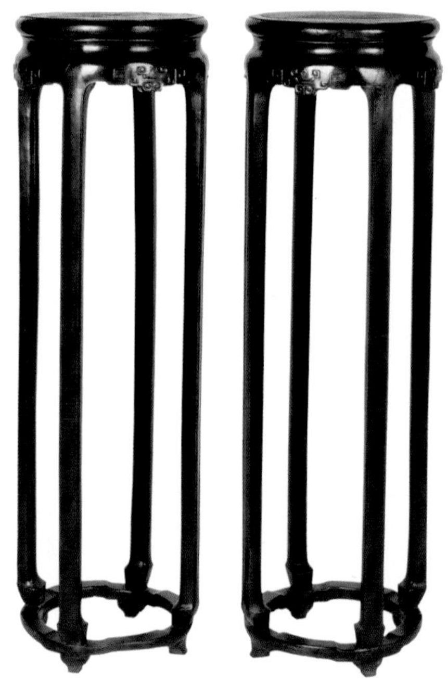

△ **红木镶理石面圆几（一对）　清中期**

直径33厘米，高110厘米

△ **紫檀嵌牙山水人物大地屏　清中期**

长95.5厘米，宽48.8厘米，高201厘米

△ **红木有束腰回纹马蹄腿拐子纹地桌　清中期**

长91厘米，宽90厘米，高36厘米

例如椅子背板上，作小面积的透雕或镶嵌，在桌案的局部，施以矮老或卡子花等。虽然已经施以装饰，但是整体看，仍不失朴素与清秀的本色，可谓适宜得体、锦上添花。

在装饰工艺上，明式家具一方面充分利用优质木材，展现出一种“天然去雕饰”“清水出芙蓉”般的艺术品格。另一方面，辅以适度的雕镂，镶嵌部位多集中在家具的牙板、背板的端部，纹样线条优美，刀法圆润娴熟浑然无痕。

在一些桌、榻、屏风、几、案的体面上，还镶嵌纹理自然生动的大理石，与木质的纹理相得益彰，为家具增添了天然的情趣和别有风采的画意。

明式的交椅，以山水雕饰者较少，以诗文、题字、绘画为饰者相对多些，这与晚明时期高度文人风格的发展有关。今传世的晚明四大文人（周天球、文徵明、祝枝山、董其昌）字迹铭款的座椅就是明代文人风格影响下的代表作，其落款书法更提高了座椅的艺术价值。

就表现技法而言，明式家具装饰图案以木雕为主，辅以镶嵌、绘画、五金件装饰等多种表现手法。

就内容而言，明式家具装饰活泼大方，使明式家具造型风格构成了一个和谐统一的装饰纹样。

明式家具装饰图案纹样极其丰富、应有尽有。主要有如下几个大

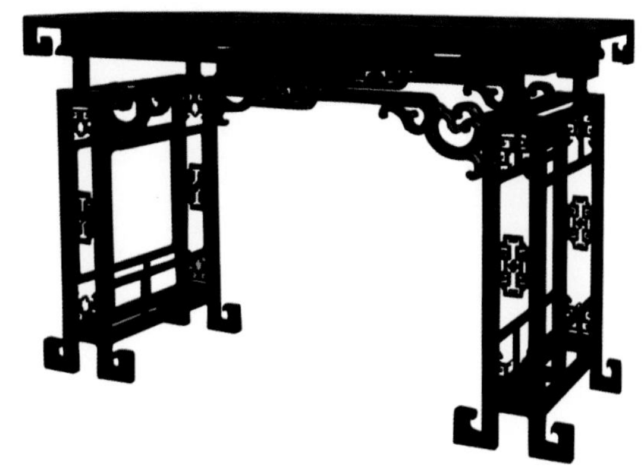

△ **紫檀明式联二闷翘头户橱　清代**

长110厘米，宽42厘米，高80厘米

此橱紫檀木质地，案形结体，橱面两端安翘头，面下两屉，均安铜质面叶、拉手及锁销。屉下柜肚为素板，方腿直足。四面腿间安光素牙子，有侧脚收分，此橱朴素无纹，造型稳重。

△ **紫檀雕西洋花卉宝座、几（三件）　清代**

宝座：宽76厘米，深61厘米，高102厘米

几：长55厘米，宽47厘米，高67厘米

此宝座如意形搭脑，靠背及扶手上雕西洋风格的花纹，座面下接雕西洋花纹高束腰，而靠背及腿足都使用了西方建筑中的柱式，足间安四面平枨子。

类，植物纹样图案、动物纹样图案、几何纹样图案、器物纹样图案、人物纹样图案等。各种纹样受民俗、艺术、文学、宗教、政治等方面的影响，被赋予不同的寓意与意境。

值得注意的是，明式家具中的装饰图案纹样从表面上看好像只是简单的祈福，是人们对美好生活的向往，而实质上是一种文化情趣的体现，是对当时人的思想和社会文化的反映，收藏者在鉴赏和收藏中，需要抓住其精髓。

（5）明式家具的配件

明式家具以金属为饰件，大多为保护端角或加固焦点而设置的，其次是美化的作用。明式家具多使用铜镍合金的白铜制作金属配件，例如包角、套脚、面叶、合叶、眼钱、钮头、吊牌、环子、泡钉、钎子等。

这些配件细致精巧，式样玲珑。白铜为铜镍合金，色泽柔和，远胜黄铜，起到很好的辅助装饰作用。某些配件则用黄铜、紫铜，以及铂金、箔银、镏金、凿花等多种工艺装饰。

在帝王使用的高级坐具上，还有一种铁板上錾阳纹、锤上金银丝的镀金金属件。常用的饰件有面叶、合叶、包角，以及某些专用金属件。

面叶、合叶常作圆形、矩形、长方形、如意云头形等。

（6）明式家具的漆饰

明式家具的髹饰主要为美化家具的表面，髹饰的色泽与家具使用的环境有密切关系。同样是一件椅子，可红、可黑、可浓、可淡，不能单纯就其色彩论定其俗雅。髹饰浓淡涂抹，不拘一格，各得其宜。髹饰按其所用材料可分为两类：漆饰、蜡饰。

明式家具漆饰有桐油、擦蜡、大漆、雕漆等方法。从传世的实物上可以看到，民间家具多采用桐油和大漆的饰面工艺，宫廷、王府使用的高级硬木家具多使用擦蜡饰面工艺。

明代以来，漆饰工艺十分发达，官营与民营漆作坊的产品相互媲美，能工巧匠辈出，工艺达到了很高水平。用于座椅的漆饰有素漆、彩漆、戗金、描金、雕漆等多种工艺。

大致看来，民间漆饰比较简朴，宫廷则讲究华丽。农村中常用的家具、桌椅多为陪嫁物，常用红色漆，色调明亮热闹，摆在房中，喜气洋洋。

士大夫的书房、客室和园林的楼榭，多用中间色漆饰，如淡赭，或直取木材的本色，力求淡雅自然之情趣。

寺院、殿堂陈设多用红漆、描金或戗金。

蜡饰工艺是明清匠师们运用自然而又美观大方的先进装饰技术，也是中国家具，尤其是座椅所具有的特色。

明代座椅采用紫檀、花梨、红木、鸡翅木等硬木制作，因其木材本身有活泼美观的纹理和深沉的色泽，匠师们在造型配料方面，也非常注意发挥其天然的纹理与色泽之美，不用其他有色的饰物，只使用蜡饰工艺（蜡多为蜂蜡）。

在打磨光平的座椅、素架上，敷些有机颜料，将底色调匀，使座椅整体色调基本一致，然后把座椅烘热，边烘边把蜡涂上，使蜡质浸入木质的内部，再用干布用力擦抹，把浮蜡和棕眼处理掉。

经过这样的蜡饰家具，表面光腻如镜，又能显示出木材的质地细密和纹理、色泽典雅的天然美。

△ **金丝楠几式书桌　明代**

长231厘米，宽87厘米，高81.5厘米

此书桌形体健硕，由大桌面与两边架几通过上下插榫组合而成，腿里侧及桌面边缘起线。共安设素面抽屉六具，带铜拉手，八腿直落地面，内翻马蹄足，攒接工艺活脚踏。

蜡饰后的紫檀家具，在一定角度光线投射下，表面呈现出一种柔和富丽的绸缎色泽。黄花梨木家具蜡饰后，表面呈现如琥珀一般典雅透明的视觉效果。

此外，还有雕漆、描金、戗金、泥金、刻灰等表面装饰工艺。

并非所有的明式家具都有漆饰。由于追求木纹自然美，很多明式家具为了表现其自然纹理特意不上漆，而是通过自然打磨使其纹理自然显现。

（7）明式家具的艺术风格

明式家具的风格特点，概括起来可用：造型简练、结构严谨、装饰适度、纹理优美予以总结。四个特点不是孤立存在的，而是相互联系，共同构成了明式家具的风格特征。

当我们看一件家具，判断是否为明式家具时，首先要抓住其整体感觉，看它是否具有明式家具造型大方、简洁明快、比例适度的风格，然后逐项分析，鉴赏其轮廓是否简练、舒展，结构是否科学合理，榫卯是否精密，坚实牢固，整体感觉是否质朴典雅，隽永大方。

单看一点是不够的，只具备一个特点也不准确。这些风格特点互相联系，互为表里，可以说缺一不可。如果一件家具，具备前面三个特点，而不具备第四点，即可肯定地说，它不是明式家具。后世模仿上述四个特点制作的家具，也称为明式家具。

关于明式家具的风格特点，王世襄在《明式家具的品》和《明式家具的病》两篇文章中，把明式家具的优点和不足分析得十分全面。他把明式家具风格归纳为五组，共十六品，分别为：

第一组：简练、淳朴、厚拙、凝重、雄伟、圆浑、沉穆。

△ **红木鼓式圆桌、凳（六件）　清代**

桌：直径74厘米，高76厘米；凳：直径30厘米，高46厘米

第二组：浓华、文绮、妍秀。

第三组：劲挺、柔婉。

第四组：空灵、玲珑。

第五组：典雅、清新。

在明式家具中，并不是完全尽善尽美，也有不尽如人意的例子。王世襄把它们归纳为八病，分别为：烦琐、赘复、臃肿、滞郁、纤巧、悖谬、失位、俚俗。

具体而言，明式家具的主要风格特点是采用木架构造的形式，形成了别具一格的形体特征，造型简洁、单纯、质朴，并强调家具形体的线条形象，在长期的形成、发展过程中，确立了以“线脚”为主要形式语言的造型手法，体现了明快、清醒的艺术风格。

同时，明式家具不事雕琢，装饰洗练，充分利用和展示优质硬木的质地、色泽和纹理的自然美，加上工艺精巧，加工精致，使家具格外显得隽永、古雅、纯朴、大方。

有些收藏爱好者遇到家具，看哪款家具上雕花多就买哪款，觉得光雕刻就值钱。实际上明式家具越是造型简单，越见功夫，一点小毛病就看得清清楚楚。

明式家具融合了当时文人墨客的哲学理念，也注重家具和环境的和谐关系，因此即便在当今，明式家具也能很好地和家庭布置及现代家居协调共存。

明式家具比例适度和谐，体现了完美的尺度与人体力学的科学性；合理、巧妙的榫卯结构和加工工艺，充分地反映了“明式”的卓越水平。所以，明式家具被称为明清工艺美术宝库中的明珠，是中国封建社会末期物质文化的优秀遗产。

五 清式家具的鉴赏

清式家具也有自己独到的美学价值，首先表现在造型丰满，气质凝重上。

清式家具所用的构件和线型都浑厚圆润，与整体结构关系对称和谐。与明式家具比较，可谓是环肥燕瘦之别。

造型丰满主要表现在家具总体尺寸、局部结构的各种零件，如束腰、牙板、托泥和各种杆件等结构的比例与明式家具相比尺寸明显加大。体态沉稳，造型多采用对称布局，或者用降低重心，扩大底部承载范围的办法，使造型呈现出平

△ **红木雕龙翘头案　清代**

长166厘米，宽46厘米，高80厘米

稳、凝重的气质。类似的家具品类相当多，例如香几束腰部位的线型比例，与明式相比，其尺寸要大得多。其束腰之上往往叠落两层线牙，与面板一起合成一个厚重的造型。束腰上下线型之间协调的比例变化，给人一种韵律很强的美感，另外一些镂空的束腰光洞改善了厚重造型给人们带来的视觉沉闷的弊病。

为了扩大香几造型的体积和面积，一反明式家具多数是素牙板和垂直牙板的做法，把托腮以下部位制成彭牙板的形式。微微外凸的彭牙板既丰满了体量，其光素的表面又给人以圆浑凝重的气质。从整体上看，三弯腿的线型由上部开始向下部渐弯，引导人们的视线向内流动，使体量的重心更为集中，这种对称的布局使凝重的气质更为突出。

清式的香几、烛几、花几，包括一些桌椅等家具，由于造型高耸，为强调其沉稳的特征，往往将底部托泥结构发展成为托泥座，与束腰部位造型形成一种呼应关系。

这种造型的特点，以清式家具中京作和广作最为采用，它不仅赋予了清式家具丰满凝重的造型，而且给人的心理感受是突出了沉稳凝重的效果。

例如清太师椅是具有丰满凝重之风的典型代表，椅的局部构件在整体比例均衡的情况下，绝对尺寸要比明式家具大得多。清式太师椅的座面下多是很宽的束腰，通常束腰宽度为40毫米左右，是明式椅束腰的2～3倍。其他部件的体量也明显增加，这样就赋予家具一种结构合理、强度较高的稳定体态。

清式家具造型之所以产生这种风格，主要有两种原因。一种是清式家具以京作为典型的代表，但造型风格主要还是源于广作。广东一带是当时进口名贵木材制作家具的主要地区，因此原料比较充裕，是清式家具形成和发展的有利条件。可见，清式家具的形成，工匠对材料的选用不吝的特征，也是重要的因素之一。另一个重要的原因，就是在进行家具的设计构思时，考虑到家具与整体环境的协调和适应，从家具体量、陈设气氛上极力地追求效果。

清式家具以京作的宫廷家具为代表，它们的陈设环境都是在气势磅礴、规模宏伟的建筑内。即使是有代表性的民间清式家具，也都是陈设在官宦府邸、私家园林或富贵豪绅的住宅之内，这些家具的设置场所多为亭堂楼阁，室内空间高大，气氛庄重，所显露的气质是与宫廷、官邸、豪富阶层的气派相适应。

民间的清式家具，虽然也具有丰满凝重的风格，但在造型和装饰的设计上，陈设格局处理得相对灵活些。

有些清式家具在体量较大的部件上，作了减重疏淤的处理，例如在较宽大的

△ **红木太师椅（一对）　清代**

宽60厘米，深44厘米，高95厘米

束腰上雕鱼门光洞，对于宽大的彭牙板使其凸出外移，并镂空各种图案，形成通透的效果。又如厚重的桌几案面运用各种平滑的线型调节，协调脚型上部和下部端面粗细线型的变化等。上述两种方法从视觉上都对家具造型本身起到了减重、疏淤的作用。

这种处理既有均衡结构的功效，又活跃和加强了家具的装饰成分。因此从清式家具造型来说，这种丰满凝重的特点是成功的，富于时代意义。

清式家具的美学特征除表现在体量上外，最突出的莫过于是装饰了，其技法丰富多彩，格调绚丽，是我国家具装饰艺术卓有成就的类型。

清式家具充分利用雕刻、镶嵌等工艺技法，取得了突出的成就，构成了特定的艺术风格，其精美华贵是汉代、唐代家具所不能比拟的。

在雕刻的装饰技法中，主要有木雕与漆雕两种。明代硬木家具中的雕刻，多数是浅浮雕、阳刻，而清代硬木家具，则多数采用高浮雕、圆雕，不但广泛地在家具的局部和脚型上进行雕刻，而且在屏风、罩、桌椅等家具上，还以通体雕刻为“地”，衬托饰件，有一种烘云托月的气氛。其图案近乎圆雕，雕刻的部位较深，刀法圆熟，行刀并无滞郁现象。

△ **红木禅凳　清代**

边长59厘米，高48厘米

家具中的漆雕则主要还是运用剔红、剔彩等技法。这些雕刻技法形制不同，表现的风格和取得的艺术效果也不一样，但都具有整体轮廓清晰、局部雕刻精细的特点。

雕刻布局的疏密和对雕刻图案体积变化的表现，突出了家具体态虚实、强弱的对比，加强了家具造型的表现能力。由于雕刻图案的整体效果与家具造型本身有着密切的呼应关系，所以增强了家具这种实用功能很强的艺术魅力。

清式家具多以各种龙饰进行装饰，除此以外，凤纹、拐子纹等也出现在不同的家具器形上。

清式家具有时还采用玉石、彩石及象牙等材料，镶嵌在家具的面板上进行装饰，有的甚至使用大量的螺钿装饰家具。在大型的家具，比如在顶箱柜、博古架上，工匠们大都选用历代名人画、松石、花鸟、梅、竹、兰、菊等题材进行装饰，既丰富多彩，又拓宽了家具在艺术上的表现形式。

1 | 清式家具的纹饰特征

（1）清式家具纹饰形成的原因

清式家具的雕饰纹饰明显比明式家具要复杂，决定其纹饰的因素很多，时代特点，地域差别，材质局限，市场需求，这些都是构成清式家具主流纹饰的原因。清式家具明显减弱了对结构的重视，而注意力转向了装饰家具细节之上。究其根源，主要有以下几点。

首先，人口的骤增使得人均居住面积缩小，清康雍乾三朝一百多年，中国人口由一亿增加到四亿，明代宽大纵深的房子遂成为过去。清代建筑讲究实际，房

△ **红木雕花圆桌　清代**

直径79厘米，高83厘米

△ **紫檀回纹琴几　清代**

长98厘米，宽31厘米，高76厘米

屋的面积缩小，迫使人与家具的距离拉近，明式家具那种注重结构美，注重线条流畅，注重大效果的实用审美观逐渐远离国人，而清代的注重细节装饰，似乎越近越能体现情趣的装饰手法开始流行。

其次，清朝经济得到了极大的发展，富庶大户增多，财富的膨胀导致生活上的奢华，追求富丽堂皇的艺术风格，因此，清式上等家具必定造型庄严，使用雕饰更能烘托其气势。

再次，家具上雕饰的增多，与玻璃的使用也不无关系。入清之后，玻璃窗、玻璃镜及玻璃器皿的使用逐渐增多，室内采光充足，亮度提高，有了可以欣赏细腻装饰的条件，室内家具上所雕刻的最为细微的纹饰都能得以展现。这时的能工巧匠，把展现自己手艺变成乐趣，装饰纹饰花样翻新，没有任何条条框框可以限制他们，所以清式家具装饰风格的形成，与此关系密切。

然后，工艺品的流行变化有自身的规律，往往是繁简交替，往复循环。自宋至明，中国的木器家具向以素雅为主。到了清初，成熟的明式家具已达到艺术顶峰，接下去，时代也需要出现风格与之不同的瑰丽多彩的家具。

最后，清代康雍乾三朝是中国封建社会的鼎盛时期，社会极为富足，尤其进入乾隆盛世，粮库不用人看，甚至不用上锁。史籍所载，此时夜不闭户，路不拾遗，这种道德风范是国力强大、物质丰富、百姓心态祥和的具体体现。这种雍容祥和的心态，必然表现在家具纹饰上。

清代硬木家具采用较多的雕饰方法是一大特点。清代的木雕工继承了前代已成熟的技艺，又借鉴牙雕、竹雕、石雕、漆雕、玉雕等多种工艺手法，逐渐形

△ **金丝楠木官皮箱　清代**

长54厘米，宽27.3厘米，高26厘米

此官皮箱金丝楠木质地，箱顶四角安铜质如意云饰件，箱盖通过铜质如意云头拍子与箱身扣合，两侧立墙上安铜质拉手，并有铰链与箱盖相连，盖下两屉。

△ **西式刀叉桌　清代**

长90厘米，高40.5厘米，宽61厘米

此桌柚木质地，桌面长方形，面下置三屉，其上设铜把手。海棠形牙板，外翻马蹄足，桌两侧饰有铜挂钩，纯西式风格。

成了刀法严谨、细腻入微的独特风格。由于清代的木雕工善于摹仿，因而清代家具上可以见到历代艺术品不同风格的雕饰，例如仿元明时剔红漆器，仿明代的竹雕，有些上等家具的雕饰从图案到刀法与同期的牙雕相似。

清式家具就整体而言，清前期到清中期，雕饰颇具特色。尤其是上等家具的雕饰，属于创新的写实艺术，制作技艺达到了历史的顶峰。

（2）清式家具的纹饰图案

清式家具纹饰图案较主要包括以下五类。

第一类为仿古图案，例如仿古玉纹、古青铜器纹、古石雕纹，以及由这些纹饰演变出的变体图案，这类纹饰多用起浮雕的方法。

第二类为几何图案，多以简练的线条组合变化成为富有韵律感的各式图案。

以上这两类图案均以“古”“雅”为特征，较为现代人所接受。装饰有这两类图案的家具，其式样、结构、用料及做工手法多具有典型的苏州地区家具风格。由此可推测其多为苏州地区制品，或是出于内府造办处的苏州工匠之手，其中有些雕饰从技法到图案不愧为永恒的传世佳作。

第三类为具有典型皇权象征的图案，如龙纹、凤纹等。清代的龙纹凡精品之作多气势生动，但也有些雕饰得过于夸张。值得一提的是，以龙凤为主题演变出的夔龙、夔凤、草龙、螭龙、拐子龙等图案，是很成功的创新设计。

第四类为西洋纹饰和中西纹饰相结合的图案，尤其是清代宫廷家具，雕有西洋图案的占相当比例。这些图案多为卷舒的草叶、蔷薇、大贝壳等，具有浪漫的田园色彩，十分富丽，但也有些造作气，显然能引起皇室、贵族的共鸣和喜爱。至于中西结合的图案，是清代的创新之举。有的作品纹饰结合巧妙自然，不露痕迹。

据清代造办处活计档载，宫廷家具呈现的中西相结合的纹饰图案是在当时宫中的中西方画家共同参与下设计的，包括著名的意大利画家郎世宁。所见传世的带有西洋装饰图案的家具大多具有广式家具风格。

第五类的刻有书画名家诗文作品而构成的纹饰图案。明代已有在家具上镌刻诗文的实例，入清之后更是大为盛行。多见的形式为阴刻填金、填漆及起地浮雕。也有镶嵌镂雕文字者，比如紫檀屏心板上嵌以镂雕黄杨木字的挂屏。

家具上雕饰的图案不仅与家具的产地有对应关系，也可以在判定家具制作年代时作为参考。刻有年款的家具是极少数的，但根据家具上的雕饰图案与其他有款识的清代工艺品，如瓷器等进行比照，可以推断出家具的年代。此外，雕饰图案和雕饰工艺也是帮助确定一件家具的产地、时代以及使用者的社会阶层的重要参考依据。

（3）清式家具纹饰图案的雕饰技法

精美的图案要用精湛的雕刻手艺才能体现，但家具雕饰之所以能出神入化，达到完美的程度，单凭雕刻还不能完成。完美的雕饰是雕刻与打磨结合的成果。

旧时的磨工，用挫草（俗称“节节草”，在中药店可买到）凭双手将雕活打磨得线楞分明，光润如玉。尤其是起地浮雕，打磨后的底子平整利落，不亚于机器加工，毫无生硬呆板的感觉。对一般人而言，不完美的打磨算不得什么工艺，其实好的打磨，不仅是对雕饰修形、抛光，也是艺术再创造和升华的过程。

雕饰能否“出神入化”，往往取决于磨工。旧时有“三分雕七分磨”的说

△ **红木嵌瘿木面搁台　清代**

长140.5厘米，宽69.5厘米，高81厘米

此搁台俗称写字台，以红木制作，面长方形，台和四面均嵌瘿木，材质、做工十分考究。保存完美，配冰裂纹脚踏。

法，道出了雕与磨在工艺上的比例关系，是有道理的。据档案记载，磨工分两类人：一类称“磨夫”，是作“水磨烫蜡”的粗活；另一类称“磨工”，是作雕活的精磨。对于打磨工序核准的工时也相当宽松，例如，打磨最简单的“两炷香”线（就是两根并列的阳线），以长度计工时，每六尺长核准一个磨工，二米来长的两根直线就磨一天，可见工时配给很充裕。当今，木器行中几乎没有“磨工”工种，打磨工序是由烫蜡上漆的油工顺手代替。然而，从档案查证可知，清代造办处在家具制作过程中，是把磨工与木工、雕工看作同等重要的，对人员选择、施工方法、工时核算、材料耗费、成活验收都有相应的标准。清代的磨工技艺之精湛，后世再未达到过。这固然有当时整体的工艺美术水准较高的因素，更重要的是对打磨工艺的重视。

△ **红木方角柜　清代**

长89厘米，宽41厘米，高157厘米

此柜顶面呈长方形，上可放置同样规格的箱子，俗称顶箱柜，双扇门，高足，边线起棱，装饰优美。

清朝家具是热闹的产物。人们在富庶祥和的时候需要人为地制造一些热点，在平静中掀起波澜。热烈就成了乾隆时期的主题，而大部分清式家具，都以这一时期家具为楷模，展现富裕，展现奢华，形成家具中的乾隆风格，亦称“乾隆工”。

这种乾隆工是对纹饰而言。纹饰上从明式家具个性化逐渐向程式化过渡，做工上则不惜工本，让观者看见工匠非凡的技巧和可以想见的劳动。人们选购家具时开始庸俗，认定雕工越多越好，有效劳动越多就会越值钱。过去购置家具是家庭的大事，保值是基本要求，每个殷实的家族都希望家产能够延续下去，而家具则是显示家族财富的最好证物。家具的生产无法摆脱这样的大背景，而与社会需求紧密相连，形成清式家具纹饰的最大特点。

（4）清式家具的纹饰分类

清式家具的纹饰分类，可以划分为光素、点缀、繁缛三种，如果拿明式家具相对比，清式家具中是找不到纯粹光素一类的。因为清式家具中最为光素的作品，也少不了线脚，比如起线，或起鼓。

清式家具中的点缀雕刻者很多，它与明式家具的点缀有着微妙的差异。可以看出来，大部分清式家具的点缀都受明式的影响，例如椅子的靠背板，清式常常满布纹饰，或整雕，或攒格分装，施以多种手法。又如桌案，清式家具的牙板雕刻明显比明式要多，工匠都十分注意牙板上的纹饰，各类纹饰应有尽有。再如明式家具中的壸门曲线装饰在清式家具中明显减少，清代工匠以线的丰富代替过去常用的壸门装饰，原因仅是壸门曲线比各类直线装饰费工费料。清式家具所雕刻的纹饰题材丰富，显示出一种设计思想的活跃。

最具有清式家具装饰特点的往往是雕工繁缛的作品，这类风格的形式主要是清雍正乾隆以来朝廷所提倡的奢华之风。从雍正帝起，宫廷家具的生产就已经由大内造办处出样，甚至皇帝本人也亲力亲为，降旨细致到用什么料，做什么式样，哪儿多一些，哪儿少一些，无微不至。

清式家具自清乾隆以后，又出现了雕饰过滥的弊病，所制家具几乎无一不雕，而且是不分造型、形式、部位的满雕。有的在家具上同时施加浮雕、透雕、圆雕、线雕等多种方法，纯是为了雕饰而雕饰，所雕图案又多为海水江牙、云龙蝙蝠、番莲牡丹，子孙万代等图案，某种程度上仅成为使用者身份的标志与象征。

清式家具就是在这样一种氛围中，一步一步走向登峰造极，家具的奢华之风也迅速由宫廷传入民间，至清乾隆一朝尤甚。但这并不是说清代家具无素雅可言，实际上，根据宫廷或民间的各种需求，清代家具风格流派也随之风行，各种装饰风格的家具均占有一席之地。

2 清式家具工艺的鉴赏

家具工艺到了清代，总的来看造型已经趋向奢华，并一味追求富丽华贵，而且繁缛的雕饰破坏了造型的整体感，触感也不好。但在民间，家具仍旧沿袭明式，保留了朴实简洁的风格。

清式家具工于用榫，不求表面装饰。京作重蜡工，以工镂空，长于用鳔；广作重在雕工，讲究雕刻装饰，装饰方法有木雕和镶嵌。

（1）雕刻工艺

清式家具的雕刻手法多样，木雕分为线雕（阳刻、阴刻）、浅浮雕、深浮雕、透雕、圆雕、漆雕（剔犀、剔红）等。

清式家具雕刻突出刀工细腻入微，以透雕最为常用，达到空灵剔透的效果，有时与浮雕相结合，也会取得更好的立体效果。

△ **黄花梨南官帽椅　清中期**

长59厘米，宽45.1厘米，高100.3厘米

△ **紫檀四出头官帽椅　清中期**

长55厘米，宽47厘米，高96厘米

雕刻中注重磨工，磨工细致圆润，各种雕饰表面磨制得莹华如玉，有一种柔和的感觉，丝毫不露刀凿的痕迹。

雕刻图案之间留出的衬“地”，虽有突起的纹脉相隔，但从整个“地”来看，如同刨平的木板一样，绝无高低不平的情形。

雕刻的线条透婉流畅，进一步激起人们对家具的种种艺术感受。广作尤其擅长因物施料，将天然的树根雕成风格质朴，极富一种自然气息的天然家具，雕磨功夫则丝毫不露。

（2）镶嵌工艺

清式家具中的镶嵌工艺技法是装饰的一大特色，其所装饰的家具都有一种华丽的气象。镶嵌在清式家具中得到更为普遍的运用，镶嵌的品种也很多，有木嵌、竹嵌、骨嵌、牙嵌、贝嵌、石嵌、螺钿嵌、百宝嵌、珐琅嵌、玛瑙嵌、琥珀嵌、玻璃嵌及镶金银等金属饰件。

其中主要是螺钿嵌、百宝嵌、骨木嵌、彩石嵌等，品种丰富，流光溢彩，华美夺目。

清代康熙年间，螺钿家具制作达到了高峰，《红楼梦》二十三回曾记载，螺钿有白色和彩色之分，尤以五彩为贵，在阳光下移动作品的观赏位置，便会出现五光十色的耀眼效果。采用这种工艺的家具极为珍贵稀少，沈阳故宫博物院有一组五彩螺钿家具，其典型作品为一张罗汉床，色调斑斓，绚丽豪华。清康熙时，

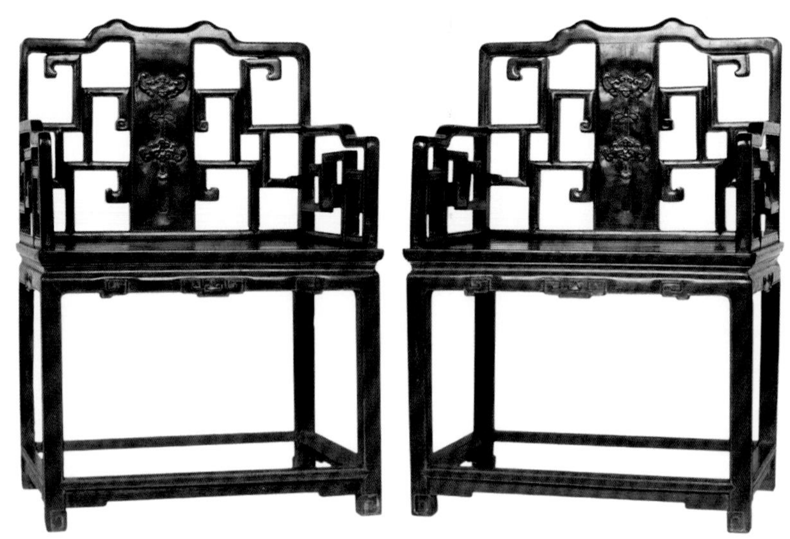

△ **红木雕福寿双全扶手椅（一对）清中期**

长67厘米，宽50厘米，高100厘米

上层社会流行黑漆五彩螺钿家具。北京故宫博物院太和殿陈列的剔红云龙立柜，沈阳故宫博物院收藏的螺钿太师椅、螺钿梳妆台、五屏螺钿榻等，均为清代螺钿家具的精粹。

另外珐琅技法则是由国外传入，用于家具装饰仅见于清代。

（3）骨嵌工艺

清式家具的骨嵌工艺富有特色。骨嵌运用在器皿上虽然很早，但是用于家具上还是清代的创举。骨嵌的鼎盛时期是清乾隆中叶，其艺术特点有以下几个方面。

第一，骨嵌工艺精良，拼雕工巧。在工艺制作上保持多孔、多枝、多节、块小而带棱角，既宜于胶合，又防止脱落，虽天长地久，但仍保持完整形象。

第二，骨嵌表现形式分为高嵌、平嵌、高平混合嵌三种。早期和盛期是高嵌和高平混合嵌，后期则都是平嵌。

第三，骨嵌用材多为红木、花梨等贵重木材，因其木质坚硬细密，镶以骨嵌更显出古拙与纯朴。

第四，骨嵌题材大致可分为人物故事、山水风景、花鸟静物和纹样四类。

（4）装饰风格

清式家具最多采用的装饰手法是雕饰与镶嵌，刀工细致入微，手法上又借鉴了牙雕、竹雕、漆雕等技巧，磨工也百般考究，将雕件打磨到线棱分明，光润似玉。

清式家具的装饰，求多、求满、求富贵、求华丽，多种材料并用，多种工艺结合，甚至在一件家具上，运用多种手段和材料，即雕、嵌、描金兼取，螺钿、木石并用。

清代工匠们几乎使用了一切可以利用的装饰材料，尝试一切可以采用的装饰手法，在家具与各种工艺品相结合上更是殚精竭虑。

此时期的家具常见通体装饰，没有空白，达到空前的富丽和辉煌。但是，过分追求装饰往往使人感到透不过气来，有时忽视使用功能，不免有争奇斗富之嫌。装饰上求多求满，富贵华丽，这是清中期家具的突出特点，清式家具的代表作都具有这一特征。

（5）装饰图案

清式家具装饰图案多用象征吉祥如意、多子多福、延年益寿、官运亨通之类的花草、人物、鸟兽等图案。清代家具中的雕刻题材非常广泛，除了传统纹样外，还有人物和清代中后期对吸收外来文化影响的纹样。

吉祥图案是清式家具最喜欢的装饰题材。清式家具特别注重吉祥兆头的纹样，例如龙、凤、鹿、鹤、蝙蝠，以及回纹、云纹、蝉纹、雷纹等一些商周青铜器上的纹样，题材多样化。

常用的雕刻图案有各种云纹、卷草纹、磬纹、流苏纹、绳纹、虎爪如意（或称三弯如意）、花头三蚌、葫芦万代、双鱼吉庆、二甲传胪、五福捧寿、平安如意、拐子龙等。

其他如各种山水、花鸟都可以独立组成图案，比如称作“四君子”的梅、兰、竹、菊，称为“岁寒三友”的松、竹、梅等题材。人物故事则以仕女、明暗八仙为主。

此外，还有大量的戏剧人物装饰图案。

在清式家具的发展过程中，由于技术和艺术水平的提高，造型和装饰引起了创作能力实质性的进步。由单一的装饰材料和工艺技法，发展到多种工艺和材料结合运用，其主要目的是为了达到富丽华贵的效果，以求得一种新的审美艺术表现。

△ **红木炕桌　清代**

长76厘米，宽41厘米，高28厘米

（6）结构工艺

清式家具在结构上承袭了明式的榫卯结构，充分发挥了插销挂榫的特点，技艺精良，一丝不苟。凡镶嵌的桌、椅、屏风，在石与木的交接或转角处，都是严丝合缝，无修补痕迹，平平整整地融为一体。

清式家具的构件常兼有装饰作用，例如在长边短抹、直横档、脚柱上加以雕饰，或用吉字花、古钱币造型的构件代替短柱矮老。

（7）脚型工艺

清式家具在脚型上变化最多，除方直腿、圆柱腿、方圆腿外，又有三弯如意腿、竹节腿等。腿的中端或有束腰或无束腰，或加凸出的雕刻花形、兽首。足端采用兽爪、马蹄、卷叶、踏珠、内翻、外翻、镶铜套等工艺。

清式家具束腰变化有高有低，有的加鱼门洞，加线，侧腿间有采用透雕的花牙挡板等。

（8）描金彩绘

清式家具除了雕刻与镶嵌之外，描金、彩绘装饰也占有很重要的地位，是清式家具常用的装饰手段。

由于各种工艺美术的发展，使得家具制作得以借助其它工艺美术手段，去进行综合的装饰处理。清式家具在装饰上采取了多种材料并用，多种工艺结合，构成了它自己的特点，是历代所不能比拟的。

△ **黄花梨三联闷户橱　清代**

长188厘米，宽52厘米，高86厘米

此闷户橱的造型类似没有托泥的翘头案，在四腿之间安装了几条顺枨和横枨，加抽屉、隔板和立墙后成橱，前脸饰以牙板和坠角。